超可爱的

人气宝宝毛衣

张翠 主编 朴智贤 审编

辽宁科学技术出版社

·沈阳·

摄 影 师：魏玉明

图书在版编目（CIP）数据

超可爱的人气宝宝毛衣/张翠主编.－－沈阳：辽宁科学
技术出版社，2011.10
ISBN 978－7－5381－7148－8

Ⅰ.①超… Ⅱ.①张… Ⅲ.①童服 — 毛衣— 编织— 图
集 Ⅳ.①TS941.763—64

中国版本图书馆CIP数据核字（2011）第189850号

出版发行：辽宁科学技术出版社
　　　　　（地址：沈阳市和平区十一纬路29号 邮编：110003）
印 刷 者：深圳市鹰达印刷包装有限公司
经 销 者：各地新华书店
幅面尺寸：210mm×285mm
印　　张：13
字　　数：200千字
印　　数：1~11000
出版时间：2011年10月第1版
印刷时间：2011年10月第1次印刷
责任编辑：赵敏超
封面设计：幸琦琪
版式设计：幸琦琪
责任校对：潘莉秋

书　　号：ISBN 978－7－5381－7148－8
定　　价：39.80元

联系电话：024－23284367
邮购热线：024－23284502
E-mail：473074036@qq.com
http://www.lnkj.com.cn
本书网址：www.lnkj.cn/uri.sh/7148
敬告读者：
本书采用兆信电码电话防伪系统，书后贴有防伪标签，全国统一防伪查询电
话16840315或8008907799（辽宁省内）

目录 contents

3

编织做法 P81~82

Baby's Knit

可爱连衣裙套装

grow up...

we make it sweet...

清新的水蓝色显得宝宝的肤色愈加水嫩白皙，而裙摆与帽子一样的钩花层层荡漾开来，极有韵味，宝宝穿起这样的一套衣服，怎么看怎么可爱。

宝宝就像一个蓝色的小精灵，或跑或跳，一抬手、一回眸，都会让家人如痴如醉。

♥loves

favorite taste

🍓 宝宝基本资料对比

月份	0个月	3个月	6个月	12个月
身长	50cm	60cm	70cm	75cm
体重	3kg	6kg	9kg	10kg

■资料只做基本参考，根据宝宝的实际情况。

happy

Baby's Knit

♥loves

趣味魔法套装

鲜亮的红色让宝宝不得不成为焦点，颜色各异的两袖，带有绒球的帽子，白色领子和门襟，这种仿照马戏演员设计的款式，趣味十足，尽显宝宝活泼可爱的一面。

编织做法
P83~84

Cute

happy

grow up...

小孩子似乎总有用不完的精力和对世界无尽的好奇，这个时候，这样一套充满趣味、可爱无比的衣服定能吸引他的注意。

🍓宝宝基本资料对比

月份	0个月	3个月	6个月	12个月
身长	50cm	60cm	70cm	75cm
体重	3kg	6kg	9kg	10kg

■资料只做基本参考，根据宝宝的实际情况。

Baby's Knit

优雅宝宝套装

清爽的镂空设计加上贯穿始终的钩花，柔美而不乏时尚，点缀鹅黄色大花的帽子更显宝宝的优雅气质。

编织做法 P85~86

grow up...

♥loves

favorite taste

sweet ♪♫

一身亮丽的橘黄色活力四射，宝贝犹如小公主般，无论走到哪里，都是万众瞩目的焦点。

we make it sweet...

🍓 宝宝基本资料对比

月份	0个月	3个月	6个月	12个月
身长	50cm	60cm	70cm	75cm
体重	3kg	6kg	9kg	10kg

■资料只做基本参考，根据宝宝的实际情况。

Baby's Knit
高雅宝宝套装

淡紫的颜色和层层叠叠的裙摆，带点中世纪欧洲贵族的风格，显得宝宝气质高雅，不同凡响。

与衣帽搭配的还有一个精致的小手提袋，宝宝这一套装扮，极富中世纪欧洲贵族气息。

♥loves

编织做法 P87~88

favorit tast

面对这件如诱人的蛋糕般层层叠叠的可爱小裙，不由得宝贝不喜欢哦。

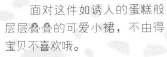

Hello

make it swe

grow up...

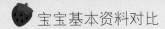 宝宝基本资料对比

月份	0个月	3个月	6个月	12个月
身长	50cm	60cm	70cm	75cm
体重	3kg	6kg	9kg	10kg

■资料只做基本参考，根据宝宝的实际情况。

grow up...

Baby's Knit
青翠宝宝外衣

初夏的季节里，为您的宝宝准备一身青翠可人的钩花外套是个不错的选择，同为淡色系的颜色搭配，在清爽中不失雅致。

make it swe... 编织做法
P89～90

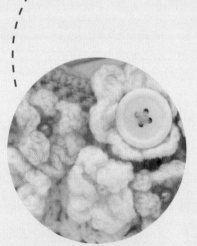

♥loves

领口一圈娇艳的花儿围绕着宝宝纯真的笑脸，好一幅温馨的画面。

sweet

favorite taste

Baby's Knit
甜美宝宝连衣裙

白色的钩花、淡紫的钩边以及吊带的设计，让宝宝在夏季
感觉清爽舒适，尽情绽放甜美的笑容。

编织做法
P91~92

make it sw

favorite taste

胸前和帽边的两朵花遥相呼应，
娇艳夺目，映着宝贝的笑脸，让人感
到温馨甜美。

宝宝基本资料对比

月份	0个月	3个月	6个月	12个月
身长	50cm	60cm	70cm	75cm
体重	3kg	6kg	9kg	10kg

■资料只做基本参考，根据宝宝的实际情况。

Cute

15

Baby's Knit

明艳宝宝连衣裙

抢眼的颜色，大气的长款样式，加一顶缀有小花的圆边帽，顿时贵不可言。

编织做法
P93~96

宝宝基本资料对比

月份	0个月	3个月	6个月	12个月
身长	50cm	60cm	70cm	75cm
体重	3kg	6kg	9kg	10kg

■资料只做基本参考，根据宝宝的实际情况。

Hello :

穿着这件紫红色的长款大衣，宝贝
看起来也像个小大人了，瞧那"指点江
山"的派头，还挺有模有样呢！

we make it sweet...

Baby's Knit

♥loves

活力宝宝衫

白色和红色的搭配总能将热情和活力演绎得淋漓尽致，帽子上点缀的漂亮小花更使衣服生色不少。

sweet

编织做法
p97~98

18

Cute

grow up...

红色似火，白色似雪，截然相反的两种颜色完美相间，静中有动，动中带静，恰如古怪精灵的宝贝，让人捉摸不透又爱不释手。

宝宝基本资料对比

月份	0个月	3个月	6个月	12个月
身长	50cm	60cm	70cm	75cm
体重	3kg	6kg	9kg	10kg

■资料只做基本参考，根据宝宝的实际情况。

Baby's Knit
朝气宝宝套装

绿色为主打，宝宝和这颜色一样充满希望和朝气，大大的
向日葵映衬着宝宝笑容，宝宝浑身洋溢的都是阳光的味道。

这是件三件套，出门时套上外衣
保暖，宝贝玩耍时热了就可以脱掉外
套只穿短袖，舒适方便。

编织做法
P99~101

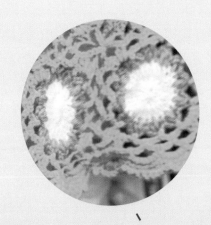

we make it s...

happy

🍓 宝宝基本资料对比

月份	0个月	3个月	6个月	12个月
身长	50cm	60cm	70cm	75cm
体重	3kg	6kg	9kg	10kg

■资料只做基本参考，根据宝宝的实际情况。

Baby's Knit

小公主吊带裙

黄色的吊带裙明艳动人，层层镂花的裙摆上蝴蝶翻飞，环绕着可爱的小公主，再加上头上大大的蝴蝶结，更是高贵优雅，气质不凡。

grow up...

happy ❤

编织做法 P102

favorit tast

Hello

编织做法
P103

Baby's Knit
帅气小外套

低调的颜色，酷感十足，精致的钩花和随意的款式，显得
宝宝帅气潇洒。

🍓 宝宝基本资料对比

月份	0个月	3个月	6个月	12个月
身长	50cm	60cm	70cm	75cm
体重	3kg	6kg	9kg	10kg

■资料只做基本参考，根据宝宝的实际情况。

Baby's Knit

温暖宝宝三件套

厚实的外套，遮耳的帽子，温暖的围巾，这一切都是冬季对宝宝最贴心的呵护。帽耳两个卡通狮子头像，个性十足。

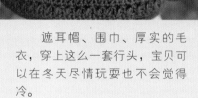

● 编织做法
P104~105

遮耳帽、围巾、厚实的毛衣，穿上这么一套行头，宝贝可以在冬天尽情玩耍也不会觉得冷。

♥loves

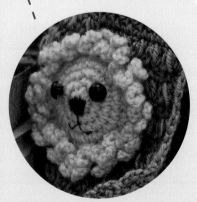

favorit tast

🍓 宝宝基本资料对比

月份	0个月	3个月	6个月	12个月
身长	50cm	60cm	70cm	75cm
体重	3kg	6kg	9kg	10kg

■资料只做基本参考，根据宝宝的实际情况。

sweet

favorite taste

♥loves

小小的衣服上汇聚了大自然的灵秀之气：一片绿油油的草地上各色小花竞相绽放，向人们昭示着春天到了。

编织做法 P106

🍓 宝宝基本资料对比

月份	0个月	3个月	6个月	12个月
身长	50cm	60cm	70cm	75cm
体重	3kg	6kg	9kg	10kg

■资料只做基本参考，根据宝宝的实际情况。

Baby's Knit
清凉宝宝毛衣

清凉的颜色带给宝宝舒服的感觉吧，徜徉在花花草草之间，宝宝显然更加开心，瞧那笑容多么动人。

e make it sweet...

25

Baby's Knit

grow up...

紫色优雅套裙

明快的流线设计，优雅的紫色长裙套装，成熟的小披肩，再加上帽子上漂亮的花朵，活泼宝宝文静优雅的一面立即显现出来了。

编织做法
P107~108

宝宝基本资料对比

月份	0个月	3个月	6个月	12个月
身长	50cm	60cm	70cm	75cm
体重	3kg	6kg	9kg	10kg

■资料只做基本参考，根据宝宝的实际情况。

happy

编织故法
P109~110

Baby's Knit
大方公主裙

疏落的镂空和精巧的花边，使整条裙子落落大方，穿出了
宝贝大家闺秀的韵味。

Baby's Knit
休闲宝宝对襟衫

● 编织做法
P111

Baby's Knit
卡通配色连帽衫

● 编织做法
P112～113

休闲的对襟款式，穿着舒适随意，绿白相间的设计，犹如在初夏的季节注入了一泓清泉，顿觉清爽。

we make it sweet...

蓝白配色，显得清爽舒适，而连帽对襟的款式则显得休闲随意，衣身右侧可爱的卡通熊图案，更是个性十足。

嫩嫩的粉色，流线的花样，胸前黑色的蝴蝶结以及下摆波浪状的花样，处处都显得宝贝甜美而惹人怜爱。

❀ 编织做法
P114~115

Baby's Knit
粉色小公主连衣裙

favorite taste

🍓 宝宝基本资料对比

月份	0个月	3个月	6个月	12个月
身长	50cm	60cm	70cm	75cm
体重	3kg	6kg	9kg	10kg

■资料只做基本参考，根据宝宝的实际情况。

grow up...

Baby's Knit

个性小熊连身衣

咖啡色和米黄色的搭配，俨然一只可爱的小棕熊，帽顶小
小的耳朵更使这可爱的卡通形象活灵活现，俏皮可爱。

Cute

编织做法
P116~117

Baby's Knit

粉色雅致对襟外套

简单明快的样式，粉色和白色的搭配，是优雅小淑女的首选哦，绒线点缀于衣身和帽子上，更为这份雅致加分不少。

编织做法
P118~119

粉嫩嫩，毛绒绒，这是谁家的小可爱？扣子做成花朵样式，更符合整件衣服的甜美格调。

宝宝基本资料对比

月份	0个月	3个月	6个月	12个月
身长	50cm	60cm	70cm	75cm
体重	3kg	6kg	9kg	10kg

■资料只做基本参考，根据宝宝的实际情况。

Baby's Knit

超可爱小兔披风

● 编织做法 P120

流畅的线条，可爱的造型，再没有比这套披风更适合天真可爱的宝贝的了。

精致的披风温暖而飘逸，小兔子形状的帽子娇俏可爱，紫色的下摆和门襟更显精致，卡通的小熊和硕大的绒球则更为宝贝的可爱增色不少。

🍓 宝宝基本资料对比

月份	0个月	3个月	6个月	12个月
身长	50cm	60cm	70cm	75cm
体重	3kg	6kg	9kg	10kg

■资料只做基本参考，根据宝宝的实际情况。

硕大的花朵占据了半条围巾，个性显眼，而它层层叠叠的设计更能体现出别致精巧。

sweet

🍓 宝宝基本资料对比

月份	0个月	3个月	6个月	12个月
身长	50cm	60cm	70cm	75cm
体重	3kg	6kg	9kg	10kg

■资料只做基本参考，根据宝宝的实际情况。

编织做法 P121

Baby's Knit
秀雅配色两件套

紫色和白色搭配，清新可人，而缀有立体花的围巾更显精致秀雅，使宝贝立刻成为众人关注的焦点。

e make it sweet...

33

Baby's Knit
快乐宝贝装

蓝色是明朗的晴空颜色，配上眉开眼笑的宝宝，是那样和娗美丽。由多个小绒球组成的围巾则使活泼的小精灵动则似舞。

绒球的围巾新奇有趣，适合活泼好动的宝贝，为可爱加分的同时又给了宝宝一个可以"研究"的玩具。

♥loves

favori-tas+

编织做法 P122~123

Baby's Knit

简约拼色毛衣

宽松柔软的毛衣比较适合宝宝娇嫩的皮肤，带帽的设计更
是给宝宝全方位的呵护。

make it swe

● 编织做法
P124~125

● 宝宝基本资料对比

月份	0个月	3个月	6个月	12个月
身长	50cm	60cm	70cm	75cm
体重	3kg	6kg	9kg	10kg

■资料只做基本参考，根据宝宝的实际情况。

Baby's Knit
小天使连衣裙

如雪的白色，美丽的花环，是天使的专属，宝宝是妈妈的小小安琪儿，这套裙子送给她们再适合不过了。

编织做法
P126~127

Cute

Baby's Knit
可爱熊猫裙

白色与黑色的搭配，
帽子上的熊猫头像以及熊猫
背包，卡通味十足，超极可
爱。

编织做法
P128~129

grow up...

🍓宝宝基本资料对比

月份	0个月	3个月	6个月	12个月
身长	50cm	60cm	70cm	75cm
体重	3kg	6kg	9kg	10kg

■资料只做基本参考，根据宝宝的实际情况。

Baby's Knit
清凉短袖裙

绿色是宝宝带给这个世界的快乐和希望，在夏天穿着也会
觉得凉爽，宽大的裙摆和精巧的镂花让宝宝更加靓丽。

● 编织做法
P130

相比一贯的粉色或白色，翠绿
的公主裙在穿出气质的同时又能带
给人们视觉上的清凉感受。

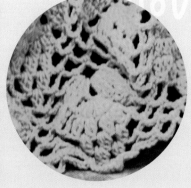

🍓 宝宝基本资料对比

月份	0个月	3个月	6个月	12个月
身长	50cm	60cm	70cm	75cm
体重	3kg	6kg	9kg	10kg

■资料只做基本参考，根据宝宝的实际情况。

Hello

编织做法
P131~132

Baby's Knit

乖巧镂花连衣裙

粉色的连衣裙，显得宝贝乖巧可爱，帽子上垂下两只兔耳
朵，又带点活泼俏皮的感觉。

Baby's Knit

紫色舒适毛衣

淡淡的紫色穿起来总是给人优雅淡定之感，整套衣服柔软
轻盈、舒适通透，不给宝宝任何负担。

● 编织做法
P133~134

🍓 宝宝基本资料对比

月份	0个月	3个月	6个月	12个月
身长	50cm	60cm	70cm	75cm
体重	3kg	6kg	9kg	10kg

■资料只做基本参考，根据宝宝的实际情况。

编织做法
P135~136

流线的设计，极尽简约，两片雪白的领子上缀着粉色的小花，瞬间让人联想到鲜美的鲜奶蛋糕，不禁垂涎欲滴。

宝宝基本资料对比

月份	0个月	3个月	6个月	12个月
身长	50cm	60cm	70cm	75cm
体重	3kg	6kg	9kg	10kg

■资料只做基本参考，根据宝宝的实际情况。

Baby's Knit

粉色荷叶边宝宝衫

淡粉的衣帽，流畅的线条，钩花的宽领，显得甜美可人，衣摆犹如修剪过的荷叶，而衣边的点缀则更增秀雅气质。

sweet

favorite taste

♥loves

这是件两件套，宝贝玩耍时可以只着裙子，冷了就把小外套穿上，温暖又漂亮。

🍓 宝宝基本资料对比

月份	0个月	3个月	6个月	12个月
身长	50cm	60cm	70cm	75cm
体重	3kg	6kg	9kg	10kg

■资料只做基本参考，根据宝宝的实际情况。

Baby's Knit

粉色甜美套裙

　　一身的粉色让宝宝在阳光下更加耀眼，水纹般的线条、圆边的帽子和无袖的坎肩使宝宝看起来更加甜美可爱。

🌼 编织做法
P137~138

we make it sweet...

Baby's Knit
五彩连帽衫

多彩的设计适合多变的孩子，让他在新奇中不断探索、发现、成长。

● 编织做法 P139

五彩斑斓的衣服或许更符合宝贝喜欢新奇的性格吧，看，穿着它，宝宝笑得多么开心啊。而连帽的设计更是让宝宝的活泼显露无余。

🍓 宝宝基本资料对比

月份	0个月	3个月	6个月	12个月
身长	50cm	60cm	70cm	75cm
体重	3kg	6kg	9kg	10kg

■资料只做基本参考，根据宝宝的实际情况。

Baby's Knit

温馨宝宝裙

整齐的钩花组成的线条明快流畅，看起来轻盈飘逸，领口长长的系带缀着两个小绒球，随着宝宝的跑动随风起舞，俏皮可爱。

grow up...

happy

Favorit tast

编织做法
P140~141

44

Hello

编织做法
P142~143

Baby's Knit
白色钩花长毛衣

白色钩花的长毛衣、小帽，宝宝仿佛是雪中走出的精灵，
清雅而温顺。

宝宝基本资料对比

月份	0个月	3个月	6个月	12个月
身长	50cm	60cm	70cm	75cm
体重	3kg	6kg	9kg	10kg

■资料只做基本参考，根据宝宝的实际情况。

Baby's Knit

grow up...

紫色无袖长裙

通身的紫色尽显宝宝优雅的气质，衣摆的钩花精巧别致，
领边的立体花样更显与众不同。

●编织做法
P144

🍓 宝宝基本资料对比

月份	0个月	3个月	6个月	12个月
身长	50cm	60cm	70cm	75cm
体重	3kg	6kg	9kg	10kg

■资料只做基本参考，根据宝宝的实际情况。

Baby's Knit
紫色无袖宝宝裙

紫色的网格设计精巧透气，宝贝穿着不会觉得闷热。衣帽一色的淡紫，似乎散发着阵阵幽香，沁人心脾。

编织做法
P145

宝宝天真干净的笑容如果配上这样一套拥有纯净淡雅颜色和别致独特款式的衣帽，将会更加俊秀可人。

favorite taste...

🍓 宝宝基本资料对比

月份	0个月	3个月	6个月	12个月
身长	50cm	60cm	70cm	75cm
体重	3kg	6kg	9kg	10kg

■资料只做基本参考，根据宝宝的实际情况。

Baby's Knit

清丽芙蓉裙

清翠的颜色，波浪纹的线条，宝贝穿起来犹如一枝出水芙蓉，亭亭玉立，清丽脱俗。

Cute

● 编织做法 P146~147

衣身上的花样如水般灵动，微风习习，碧波荡漾，一朵圣洁的荷花傲然绽放，给人带来清新干净的气息。

♥loves

favorite taste

🍓 宝宝基本资料对比

月份	0个月	3个月	6个月	12个月
身长	50cm	60cm	70cm	75cm
体重	3kg	6kg	9kg	10kg

■资料只做基本参考，根据宝宝的实际情况。

Baby's Knit

粉粉宝贝两件套

粉嫩的颜色甜美可爱，两件套的设计又使宝贝看起来气质不俗。

grow up...

we make it sweet...

● 编织做法
P148~149

样式简单的长裙外罩一件网格外衣，使衣服灵动起来不会过于单调。

♥loves

favorit tast

 宝宝基本资料对比

月份	0个月	3个月	6个月	12个月
身长	50cm	60cm	70cm	75cm
体重	3kg	6kg	9kg	10kg

■资料只做基本参考，根据宝宝的实际情况。

细密的网格编织成的裙子轻盈飘逸，宝贝穿起来跑跳自如，时而如灵巧的小兔，时而若人间的精灵。

编织做法
P150

favorite taste

♥loves

🍓 宝宝基本资料对比

月份	0个月	3个月	6个月	12个月
身长	50cm	60cm	70cm	75cm
体重	3kg	6kg	9kg	10kg

■资料只做基本参考，根据宝宝的实际情况。

Baby's Knit
淑女风连衣裙

白色显出小女生优雅的淑女气质，简单随意的款式带着一股清新自然的气息，清丽脱俗。

make it sweet...

Baby's Knit

淡蓝长袖连衣裙

束腰款裙装的设计将宝贝的温婉柔美显露无遗，帽子上的花样又添自由活泼之感，这样一款动静皆宜的连衣裙，宝宝一定很喜欢。

● 编织做法
P151~152

grow up...

we make it sweet...

裙子上下采用三种不同的花样，层次分明，设计精巧，富有美感。

♥loves

favorit
tast

🍓 宝宝基本资料对比

月份	0个月	3个月	6个月	12个月
身长	50cm	60cm	70cm	75cm
体重	3kg	6kg	9kg	10kg

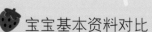

■资料只做基本参考，根据宝宝的实际情况。

happy

Baby's Knit

鹅黄精致宝宝套装

线条精致而柔美，裙边的层次变化增加轻盈飘逸之感，点缀腰间的小花则很好地避免了单调。

● 编织做法
P153~155

宝宝基本资料对比

月份	0个月	3个月	6个月	12个月
身长	50cm	60cm	70cm	75cm
体重	3kg	6kg	9kg	10kg

■资料只做基本参考，根据宝宝的实际情况。

favorite taste

编织做法
P156~159

衣身整体的花样看起来好像一个
精致的花篮盛满了锦簇的花团，春光无
限，繁华满眼。

🍓 宝宝基本资料对比

月份	0个月	3个月	6个月	12个月
身长	50cm	60cm	70cm	75cm
体重	3kg	6kg	9kg	10kg

■资料只做基本参考，根据宝宝的实际情况。

Baby's Knit

柔美宝宝对襟衫

整齐的网格看起来简约大气，衣身一圈精致的钩花，则为
简单的款式增加了几分动感。

● 编织做法
P160～161

因衣身始终采用流线形线条，在肩部设计上，特意皱起一些，使衣服看起来更有时尚感。

🍓 宝宝基本资料对比

月份	0个月	3个月	6个月	12个月
身长	50cm	60cm	70cm	75cm
体重	3kg	6kg	9kg	10kg

■资料只做基本参考，根据宝宝的实际情况。

grow up...

Baby's Knit

明艳长款毛衣

大红的颜色明艳动人，长款的设计大气而修身，衣摆水纹设计动感十足，再配上一个蝴蝶结，让人想不关注都不行。

we make it sweet...

Baby's Knit
超可爱卡通三件套

Cute

衣服纹路分明，简单明快，围巾端头是个卡通狐狸，活泼调皮，帽子上也缀有两只小耳朵，这些随处可见的卡通风格，实在是可爱极了。

编织做法
P162~164

grow up...

🍓宝宝基本资料对比

月份	0个月	3个月	6个月	12个月
身长	50cm	60cm	70cm	75cm
体重	3kg	6kg	9kg	10kg

■资料只做基本参考，根据宝宝的实际情况。

扭花而成的方形图案中点缀四颗小球，既是一个不错的装饰，远看又很像一个口袋。

♥loves

编织做法
P165~166

favorite taste

grow up

Baby's Knit 🍒
风采对襟毛衣

不用开口，艳丽的玫红色就足够光彩照人，而对襟的款式和衣身扭花纹设计又显得十分大气。

we make it sweet...

Baby's Knit
活力格子花坎肩

无袖坎肩的款式穿起来舒适方便，遍布全身的格子花图案
极为另类，彰显宝贝无穷无尽的活力。

编织做法
P167

🍓 宝宝基本资料对比

月份	0个月	3个月	6个月	12个月
身长	50cm	60cm	70cm	75cm
体重	3kg	6kg	9kg	10kg

■资料只做基本参考，根据宝宝的实际情况。

Baby's Knit
亮丽红色无领外套

编织做法
P168~170

grow up...

Baby's Knit
亮丽红色长款大衣

favorite taste

编织做法
P168~170

半长的款式穿起来自然随意，无领的设计更显得简约舒适，穿出一种轻松的休闲风。

we make it sweet...

红色的衣身加绿色的钩边，鲜艳而有动态的轻盈，宽松的长款设计，自然大方。

和煦的阳光下，裙子明朗的天蓝色
与宝宝的笑容一样纯真而干净。

编织做法
P171

宝宝基本资料对比

月份	0个月	3个月	6个月	12个月
身长	50cm	60cm	70cm	75cm
体重	3kg	6kg	9kg	10kg

■资料只做基本参考，根据宝宝的实际情况。

Baby's Knit
蓝色魅力连衣裙

蓝色给人安静的感觉，再加上网状格纹的衣身和蓬松宽大
的裙摆，更显视觉上的平静与舒适。

61

grow up...

Baby's Knit

大气天鹅羽披肩

洁白的颜色和羽毛状的设计，使宝贝犹如展翅飞翔的天鹅一般，高贵不凡。

happy

● 编织做法
P172

Baby's Knit
白色绣花小披肩

Favorite taste
Baby's Knit
紫色沉静小披肩

编织做法
P175

编织做法
P173~174

洁白无瑕的披肩上，一朵娇艳的小花热情绽放，映着宝贝的笑脸，惹人怜爱。

we make it sweet...

陈紫色看起来沉静稳重，细密厚实的披肩使宝贝显得自信干练，层次分明的钩花清晰而有条理，更衬出小领导者的风范。

Baby's Knit
红色卡通毛衣

橘红色给人温暖的感觉，衣身上的小鸡图案俏皮可爱，衣领垂下的系带则显得活泼灵动。

we make it sweet...

grow up...

● 编织做法
P176~177

袖子和下摆的收束效果使小孩子活动时更随意更舒服，领口也采用同样的织法，显得更加协调，而无领收束的设计穿着也更方便。

♥loves

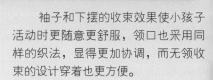

favorit tast

🍓 宝宝基本资料对比

月份	0个月	3个月	6个月	12个月
身长	50cm	60cm	70cm	75cm
体重	3kg	6kg	9kg	10kg

■资料只做基本参考，根据宝宝的实际情况。

深V领休闲透气，既不妨碍孩子玩耍，也不会过于闷热，更适合活泼好动的孩子穿着

✿编织做法
P178

favorite
taste

♥loves

🍓宝宝基本资料对比

月份	0个月	3个月	6个月	12个月
身长	50cm	60cm	70cm	75cm
体重	3kg	6kg	9kg	10kg

■资料只做基本参考，根据宝宝的实际情况。

Baby's Knit
条纹配色对襟毛衣

永不落伍的横纹搭配暖色系的设计，艳丽夺目，对襟的款式舒适而方便，三枚与衣服颜色匹配的纽扣在阳光下熠熠生辉。

e make it sweet...

Baby's Knit

清纯可爱对襟毛衣

干净的颜色，简单的圆领，袖边和衣摆的图案，把宝宝清纯可爱的一面表现得淋漓尽致。

● 编织做法
P179~181

Baby's Knit
可爱小猫套装

编织做法 P182~183

带有猫咪图案的帽子、披肩、鞋子，无一不代表着猫咪般乖巧可爱，怎么看怎么讨人喜爱。

grow up...

Baby's Knit
帅气横纹无袖装

横纹的设计，黑色和玫红的搭配，无一不彰显着十足的帅气，无袖的款式更添酷酷的感觉。

编织做法 P184

🍓 宝宝基本资料对比

月份	0个月	3个月	6个月	12个月
身长	50cm	60cm	70cm	75cm
体重	3kg	6kg	9kg	10kg

■资料只做基本参考，根据宝宝的实际情况。

Baby's Knit

简约宝贝无袖开衫

编织做法 P185

粉嫩的颜色甜美可人，衣身两侧的钩花更显精致，领口处的系带缀有两朵小花，愈加娇艳可爱。

编织做法 P186

简约的风格，是宝贝天真可爱的最好修饰，领口采用系带连接，时尚动感不显呆板。

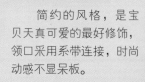

Baby's Knit

粉色缀花无袖开衫

Baby's Knit
端庄无袖连衣裙

Cute

习惯了淡色系的宝贝偶尔穿一些深色衣服，别有一番韵味，不用担心过于沉闷，胸前的绿叶红花的存在，使衣服丝毫不让人觉得压抑。

编织做法
P187

grow up...

🍓 宝宝基本资料对比

月份	0个月	3个月	6个月	12个月
身长	50cm	60cm	70cm	75cm
体重	3kg	6kg	9kg	10kg

■资料只做基本参考，根据宝宝的实际情况。

Baby's Knit

卡通小老鼠对襟衫

米黄色的衣服亮丽抢眼，而疏密有序的黑色细纹和队列整齐的小老鼠则足以为宝贝的可爱加分了。

grow up...

we make it sweet...

●编织做法
P188～189

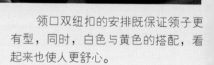

领口双纽扣的安排既保证领子更有型，同时，白色与黄色的搭配，看起来也使人更舒心。

🍓 宝宝基本资料对比

月份	0个月	3个月	6个月	12个月
身长	50cm	60cm	70cm	75cm
体重	3kg	6kg	9kg	10kg

■资料只做基本参考，根据宝宝的实际情况。

编织做法 P190~191

Baby's Knit
秀美围棋装

紫红色的短袖款式时尚靓丽，下摆整齐排列的白色花样犹如一颗颗围棋棋子，精巧别致。

🍓 宝宝基本资料对比

月份	0个月	3个月	6个月	12个月
身长	50cm	60cm	70cm	75cm
体重	3kg	6kg	9kg	10kg

■资料只做基本参考，根据宝宝的实际情况。

Baby's Knit
蓝色精灵装

grow up...

favorite taste

Baby's Knit
白色灵动套头衫

编织做法
P193~194

编织做法
P192

一色的水蓝，宁静祥和，腰间一根带子代替纽扣，很特别，在一样的初夏，带给宝宝不一样的感觉。

套头的款式简单而帅气，恰到好处的黑色点缀显得随意洒脱，带给人不一样的气质。

领子可折可立，折下显得整齐大方，立起则显得潇洒随意，两种方式彰显小孩子两面的性格。

♥loves

favorite taste

● 编织做法 P195~196

🍓 宝宝基本资料对比

月份	0个月	3个月	6个月	12个月
身长	50cm	60cm	70cm	75cm
体重	3kg	6kg	9kg	10kg

■资料只做基本参考，根据宝宝的实际情况。

grow up

Baby's Knit

纯色朴素对襟衫

最简单的往往是最实用的，这款衣服看似朴素的款式却能给宝宝最踏实的温暖。

make it sweet...

sweet ♪♫

衣服背面由几道横纹填充的是个漂亮的心形图案，构思精巧，设计独特。

favorite taste

♥loves

🍓 宝宝基本资料对比

月份	0个月	3个月	6个月	12个月
身长	50cm	60cm	70cm	75cm
体重	3kg	6kg	9kg	10kg

■资料只做基本参考，根据宝宝的实际情况。

● 编织做法 P197~198

Baby's Knit 🍒
红色小太阳对襟衫

　　每个宝贝都是家中的小太阳，用TA最纯真的心给家人最大的满足。衣服上点缀的花样恰似一轮轮初生的红日，同样温暖着宝贝。

we make it sweet...

Baby's Knit

纯美宝贝装

肩部白色部分的边缘织成小波浪纹花样，既增加了美感，又好像一个优雅的大翻领，不得不说这种设计非常精妙。

● 编织做法
P199

黄色与白色搭配，给人最纯美的感觉，正如天真可爱的宝贝，五颜六色的纽扣则更添一分活泼跃动。

favorite taste

🍓 宝宝基本资料对比

月份	0个月	3个月	6个月	12个月
身长	50cm	60cm	70cm	75cm
体重	3kg	6kg	9kg	10kg

■资料只做基本参考，根据宝宝的实际情况。

grow up...

Baby's Knit

扭花纹对襟毛衣

简单的对襟款式，漂亮的扭花纹设计，温暖实用，在春秋季节给宝宝最真实的关怀。

编织做法
P200～201

🍓 宝宝基本资料对比

月份	0个月	3个月	6个月	12个月
身长	50cm	60cm	70cm	75cm
体重	3kg	6kg	9kg	10kg

■资料只做基本参考，根据宝宝的实际情况。

Baby's Knit

斑斓配色毛衣

半袖的设计，既可在天气较热时单穿，简单随意，也可套在打底衫外穿，温柔娴雅。

编织做法
P202~203

由配色线织成的毛衣，漂亮雅致，而短袖的款式以及宽大的翻领设计则更显时尚。

🍓 宝宝基本资料对比

月份	0个月	3个月	6个月	12个月
身长	50cm	60cm	70cm	75cm
体重	3kg	6kg	9kg	10kg

■资料只做基本参考，根据宝宝的实际情况。

favorite
taste

● 编织做法
P204～205

Baby's Knit
配色条纹套头衫

低调的灰色彰显非凡气质，粗细相间的配色条纹则显得宝
贝动感十足，活力四射。

🍓 **宝宝基本资料对比**

月份	0个月	3个月	6个月	12个月
身长	50cm	60cm	70cm	75cm
体重	3kg	6kg	9kg	10kg

■资料只做基本参考，根据宝宝的实际情况。

Baby's Knit

红色精致短袖毛衣

短袖套头的款式穿着舒适，简单的针法搭配精致的小花，有趣可爱。

ve make it sweet...

● 编织做法
P206

衣身上特意装有两个口袋，既改善了样式简单的情况，又符合孩子喜欢用衣兜盛装最爱玩具的特点。

loves

favorite taste

🍓 宝宝基本资料对比

月份	0个月	3个月	6个月	12个月
身长	50cm	60cm	70cm	75cm
体重	3kg	6kg	9kg	10kg

■资料只做基本参考，根据宝宝的实际情况。

编织做法
P207~208

寒冷的冬日，再没有什么比一件厚实的毛衣更受宝宝欢迎的了。圆领插肩款式外加宽大的衣身，既可以做一件温暖的外套，又可以当做一件漂亮的披风，非常实用。

favorite taste

♥ loves

🍓 宝宝基本资料对比

月份	0个月	3个月	6个月	12个月
身长	50cm	60cm	70cm	75cm
体重	3kg	6kg	9kg	10kg

■资料只做基本参考，根据宝宝的实际情况。

grow up...

Baby's Knit

红色低领对襟毛衣

秀雅的颜色正适合粉嫩的宝贝，低领的款式简约大方，前襟错落有致的小球则为纯色的衣服增加几分动感。

we make it sweet...

可爱连衣裙套装

【成品规格】衣长38cm，下摆宽30cm，帽高17cm，帽围46cm
【工　　具】2.5mm可乐钩针
【材　　料】蓝色毛线150g左右，白色、绿色毛线少许

编织要点

　　儿童帽子按照帽子的钩法，从帽顶起针，钩18行，加针方法参照图解，在侧面绣花。儿童衣服按照图解，先钩图1再钩图2部分，最后钩白色袖子，花边参照图解。在胸围穿绳子绑蝴蝶结，在左上胸绣花。具体做法参照如下图解。

正面

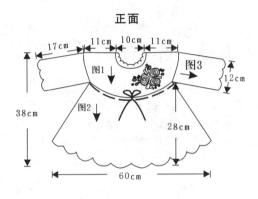

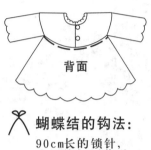

背面

蝴蝶结的钩法：

90cm长的锁针，
头尾钩如下花形：

图1展开图

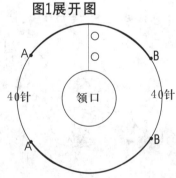

图1背面纽扣位：扣眼

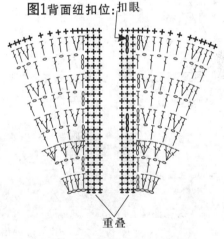

重叠

领口白色花边的钩法：

从领口处起针，每10锁针
钩9个短针，钩3个花形，
领口共17个花形。

图1的钩法：

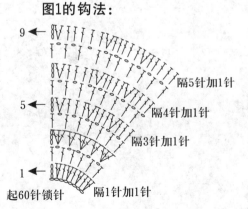

隔5针加1针

隔4针加1针

隔3针加1针

隔1针加1针

起60针锁针

袖口蓝色花边的钩法：

参照图1展开图，在A点和A点、B点和B点之间起针钩袖口花边，各14个花形。

图3为白色袖子的钩法：

参照图1展开图，在A点和A点、B点和B点之间起针钩袖子，共6个花样。

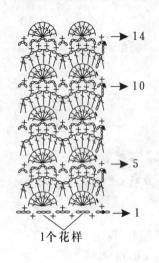

14

10

5

1

1个花样

取粗线部分，钩图2，钩法如下：

参照图1展开图，在A点和B点之间起针钩衣服下半身，共24个花样。

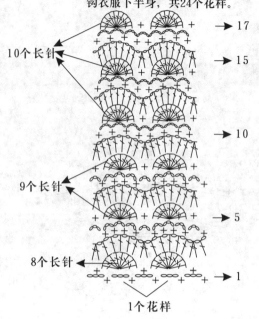

17

10个长针

15

10

9个长针

5

8个长针

1

1个花样

帽子的尺寸：

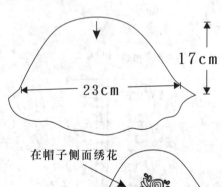

17cm

23cm

在帽子侧面绣花

绣花图案：

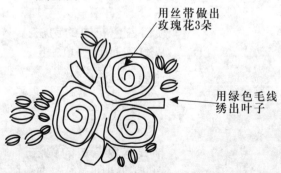

用丝带做出
玫瑰花3朵

用绿色毛线
绣出叶子

帽子的做法：

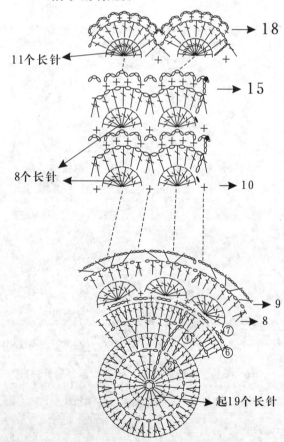

11个长针

18

15

8个长针

10

9

8

起19个长针

82

趣味魔法套装

【成品规格】衣长28cm，下摆宽30cm，裤长38cm，腰围46cm，
　　　　　　帽高15cm，帽围40cm
【工　　具】2.5mm可乐钩针
【材　　料】红色毛线200g左右，白色、蓝色、褐色毛线少许

　　儿童衣服参照图解先钩衣身，再钩衣服袖子2个，上完袖后，在衣身的基础上钩衣服领子，最后钩领子连门襟3行短针。裤子先钩2个裤筒，再钩横裆，最后钩裤腰穿橡皮筋。帽子参照图解。具体做法参照如下图解。

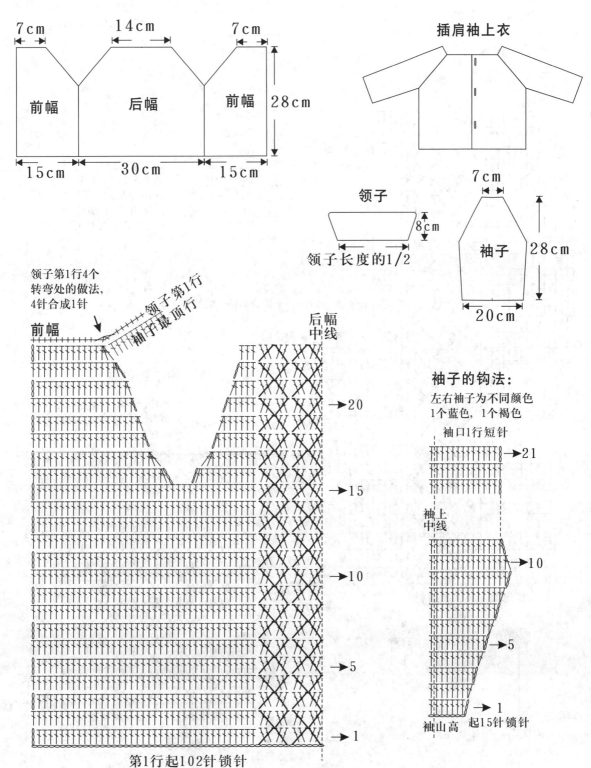

插肩袖上衣

领子

领子长度的1/2

袖子的钩法：
左右袖子为不同颜色
1个蓝色，1个褐色

83

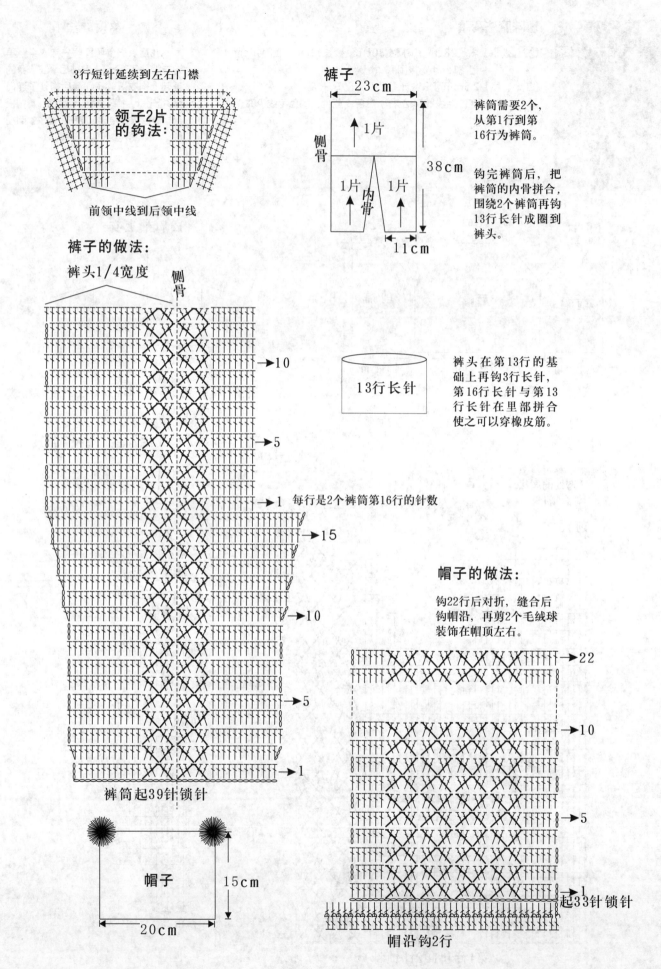

3行短针延续到左右门襟

领子2片的钩法：

前领中线到后领中线

裤子

23cm

侧骨

1片

1片　内骨　1片

38cm

11cm

裤筒需要2个，从第1行到第16行为裤筒。

钩完裤筒后，把裤筒的内骨拼合，围绕2个裤筒再钩13行长针成圈到裤头。

裤子的做法：

裤头1/4宽度

侧骨

→10

→5

→1　每行是2个裤筒第16行的针数

→15

13行长针

裤头在第13行的基础上再钩3行长针，第16行长针与第13行长针在里部拼合使之可以穿橡皮筋。

→10

→5

→1

裤筒起39针锁针

帽子的做法：

钩22行后对折，缝合后钩帽沿，再剪2个毛线球装饰在帽顶左右。

→22

→10

→5

→1　起33针锁针

帽子

15cm

20cm

帽沿钩2行

优雅宝宝套装

【成品规格】衣长38cm，下摆宽60cm，帽高16cm，帽围40cm
【工　　具】2.5mm可乐钩针
【材　　料】橙色毛线150g左右，白色、黄色、土黄色毛线各少许

编织要点

儿童衣服从领口起针，共起8个花样，在第10行分袖子和衣身，衣身需延长到第27行，袖子延长到第18行，帽子参照图解钩到第15行，并钩立体花1个。具体做法参照如下图解。

衣服尺寸：

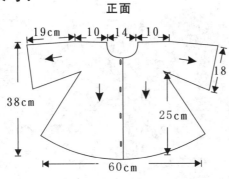

正面

19cm　10　14　10

38cm　25cm　18

60cm

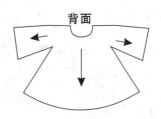

背面

图解见下页

帽子尺寸

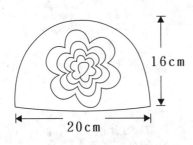

16cm

20cm

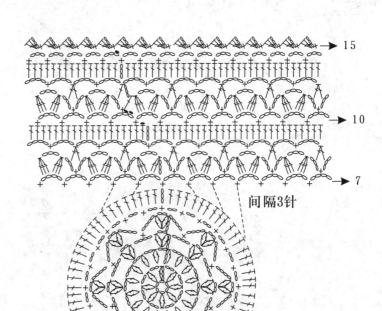

15

10

7

间隔3针

 立体花的钩法：

共有16个花瓣，起106针锁针，每钩4个花瓣加1针，并且长针绕线多1圈（从长针-加长针-2个加长针-3个加长针）钩完卷成4层旋转花。
颜色：每4个花瓣变换1个颜色，顺序为白色-黄色-土黄色-橙色

衣服图解（袖子和衣身）：下摆

衣身第18行到第27行图解：

袖口图解：
袖子第18行钩袖口花
边，花边图解如下，
每格对应1个花样。

1个花样

衣身

袖子

10针1个花样

从领口起针，8个花样，
在第10行分袖子和衣身
袖子2个，每个是2个花
样，衣身包括前幅和后
幅，一片共4个花样。

领口连门襟花边的做法：

领口每格4针短针，门襟
每格2针短针

袖子
2个花样

袖子

衣身

衣身（前幅和后幅）4个花样

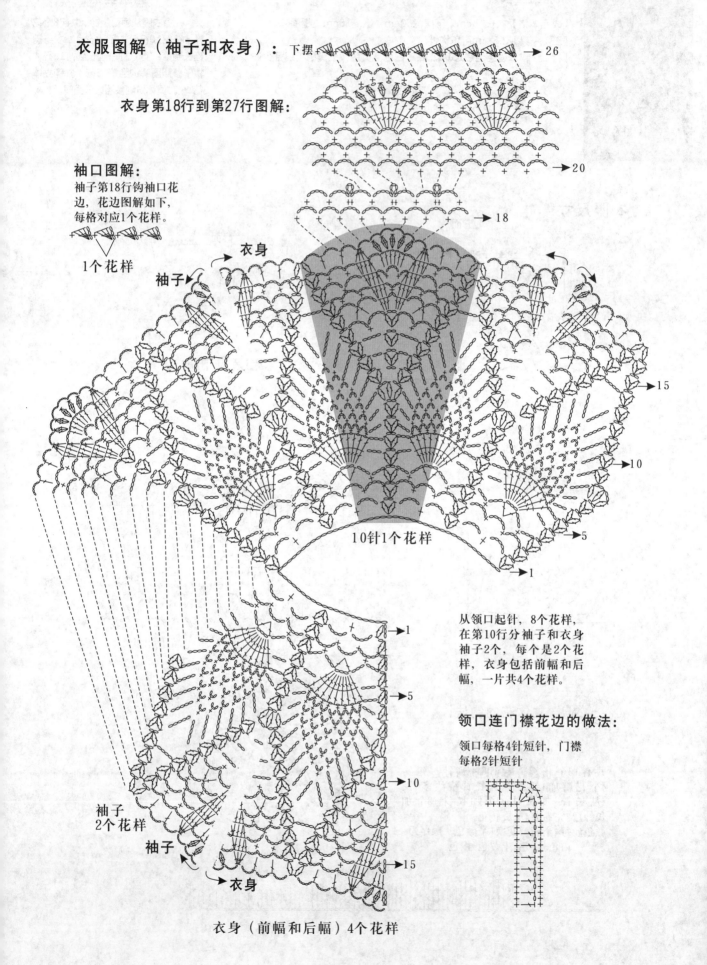

86

高雅宝宝套装

【成品规格】衣长46cm，袖长6cm，帽高20cm，帽围46cm
【工　具】2.5mm可乐钩针
【材　料】紫色毛线150g左右，白色毛线少许

编织要点

　　儿童帽子按照帽子的钩法，从帽顶起17针锁针，共钩16行，加针方法参照图解。儿童衣服，先钩下半身的四层重叠花样，然后钩衣服上半身，再钩袖子2个，最后钩领口花边。具体做法参照如下图解。

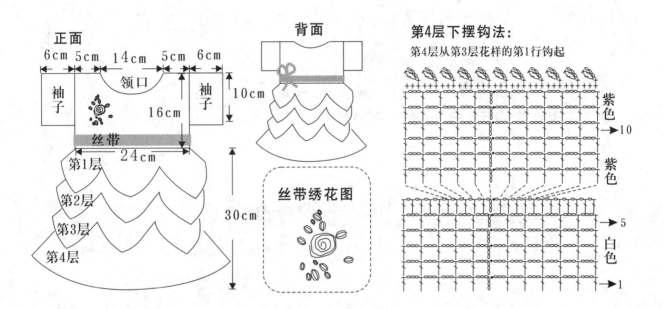

正面

背面

6cm 5cm 14cm 5cm 6cm

领口

袖子　袖子

丝带

第1层
第2层
第3层
第4层

10cm
16cm
24cm
30cm

丝带绣花图

第4层下摆钩法：
第4层从第3层花样的第1行钩起

紫色 →10
紫色
→5
白色 →1

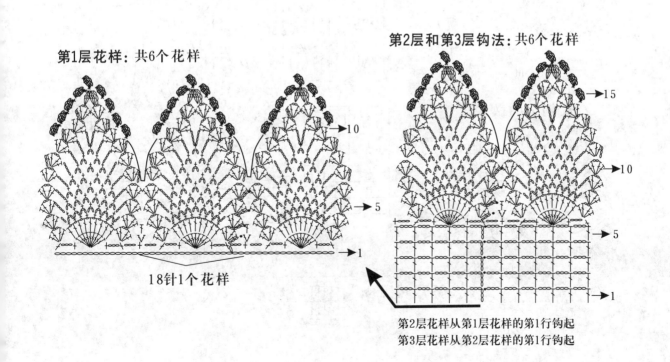

第1层花样：共6个花样

→10
→5
→1

18针1个花样

第2层和第3层钩法：共6个花样

→15
→10
→5
→1

第2层花样从第1层花样的第1行钩起
第3层花样从第2层花样的第1行钩起

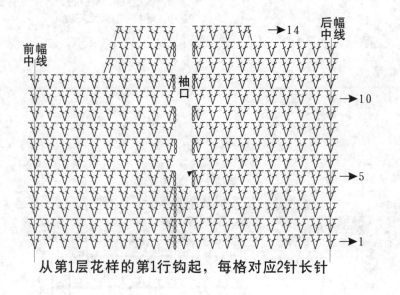

前幅中线
后幅中线
袖口

→14
→10
→5
→1

从第1层花样的第1行钩起，每格对应2针长针

袖子钩法：
拼肩后，从袖口钩起

→5
白色
→1

领口花边：白色

帽子尺寸

绣花
帽沿

20cm
23cm

帽子的钩法：

帽沿
白色
每7针加1针
每6针加1针

→15

丝带

→10

第6行起钩花样

立体花1个的做法：

（行）	（针数）
1	17
2	34
3	51
4	68
5	85

叶子5片

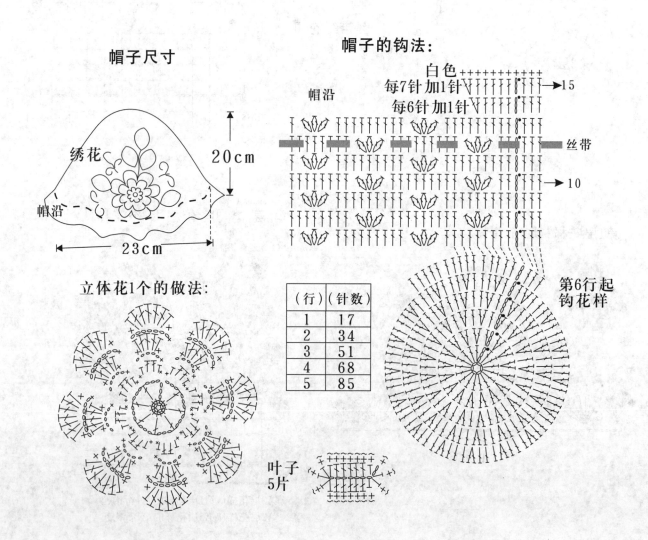

青翠宝宝外衣

【成品规格】衣长36cm，下摆宽30cm，帽高17cm，帽围46cm
【工　　具】2.0mm可乐钩针和5.0mm可乐钩针
【材　　料】粉色、白色、绿色、浅红色、黄色毛线各50g左右，
　　　　　　塑料珠子20个

编织要点

　　儿童帽子按照帽子的钩法，钩16行，第13行到第16行为帽沿加针花边。儿童衣服参照图解，先钩衣身前幅2片和后幅1片，接着钩袖子2片，再钩前幅装饰花。具体做法参照如下图解。

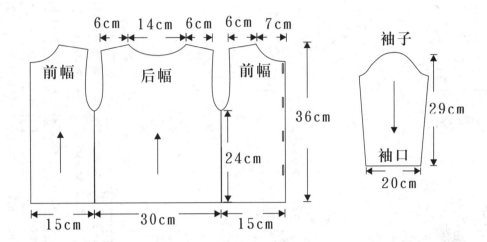

衣服图解

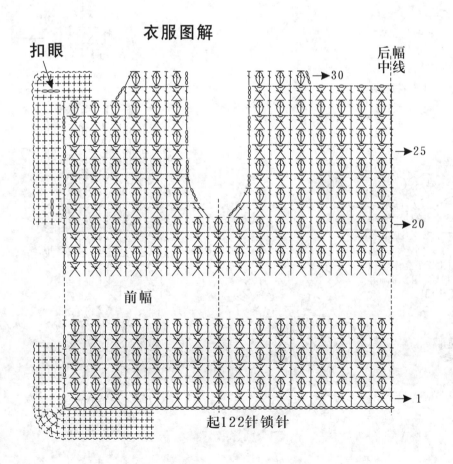

扣眼

前幅

起122针锁针

后幅中线

89

纽扣花的图解 4个

围绕扣眼钩

扣眼

袖子图解

袖口
3行短针
1行逆短针

袖子中线

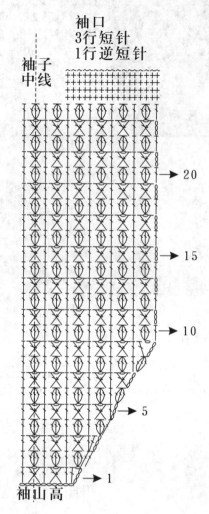

→ 20

→ 15

→ 10

→ 5

→ 1

袖山高

前幅装饰花

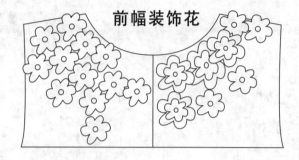

4个

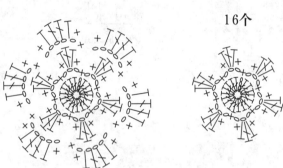

16个

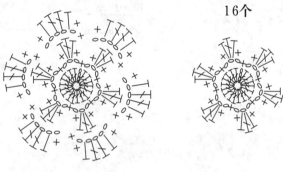

帽子尺寸

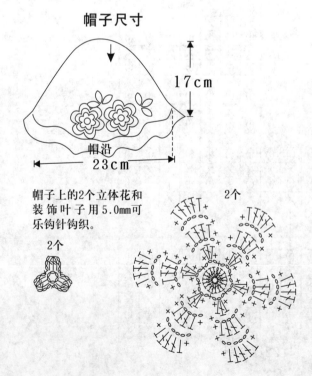

17cm

帽沿

23cm

帽子上的2个立体花和
装饰叶子用5.0mm可
乐钩针钩织。

2个

2个

帽子的钩法:

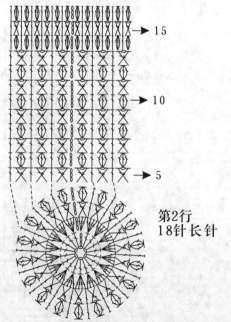

→ 15

→ 10

→ 5

第2行
18针长针

甜美宝宝连衣裙

【成品规格】衣长45cm，胸围54cm，帽高22cm，帽围46cm
【工　　具】2.0mm可乐钩针，手缝针
【材　　料】白色毛线250g左右，紫色、蓝色毛线少许，丝带1条

儿童手袋按照袋子的钩法，从袋底起18针锁针，共钩19行短针，加针方法参照图解。儿童吊带衣服，先钩裙子，在裙子基础上钩前幅1片和吊带。最后钩叶子6个立体花2个，小花3个。帽子参照帽子钩法，具体做法参照如下图解。

袋子的尺寸：

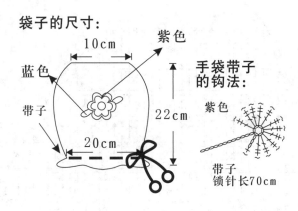

手袋带子的钩法：

带子锁针长70cm

上衣的尺寸：

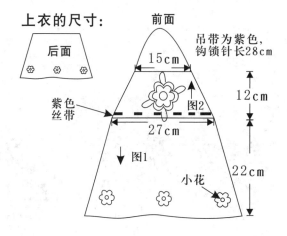

吊带为紫色，钩锁针长28cm

袋子的钩法：

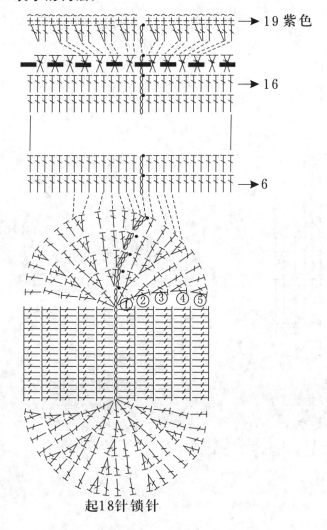

起18针锁针

图1裙子图解：裙子需要16个花样。

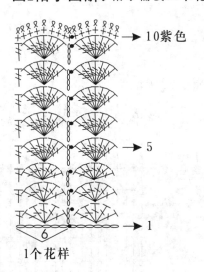

1个花样

前片装饰小花3个：

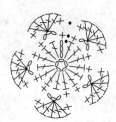

91

叶子共8个：
叶子的大小从中间
长针数目加减

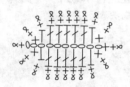

图2上衣图解：

只需钩前幅和吊带。把裙子对折，
从前面8个花样往上起针。

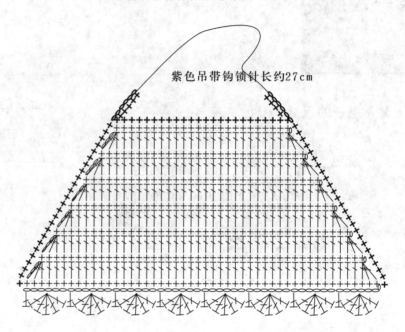

紫色吊带钩锁针长约27cm

重叠为立体花3个：

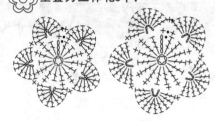

帽子钩法：

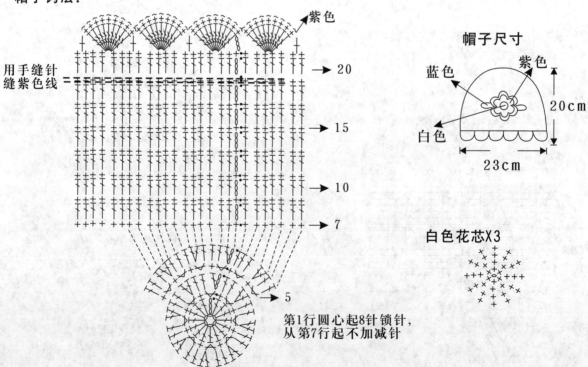

帽子尺寸

蓝色
紫色
白色

20cm

23cm

白色花芯X3

用手缝针
缝紫色线

紫色

→ 20

→ 15

→ 10

→ 7

→ 5

第1行圆心起8针锁针，
从第7行起不加减针

明艳宝宝连衣裙

【成品规格】衣长46cm，下摆宽40cm，帽高17cm，帽围46cm
【工　　具】2.5mm可乐钩针
【材　　料】紫红色毛线250g左右，纽扣8枚

编织要点

参照结构图，首先钩衣服的上半部分，然后拼侧缝，钩衣服的下半部分。再钩袖子的上半部分，上袖，拼袖骨，接着钩袖子下半部分。再钩衣服领子。最后钩衣服花边并钉纽扣。

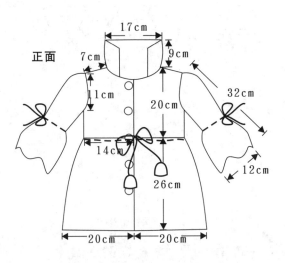

上半身后幅图解（1片）

上半身前幅图解（2片）

第1行起27针锁针

第1行起51针锁针

前幅上半身与下半身之间的绑带

钩1条长约120cm的锁针，锁针两头钩如下花样。

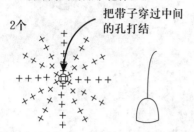

2个

把带子穿过中间的孔打结

领子图解

看前幅上半身图解，上半身左右片黑点就是领子的长度，领子逐层两头加针成梯形。

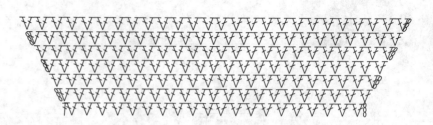

下半身图解

下半身总共3个菠萝花的高度，每个菠萝花的高度是7个菠萝花的宽度。

后幅中线

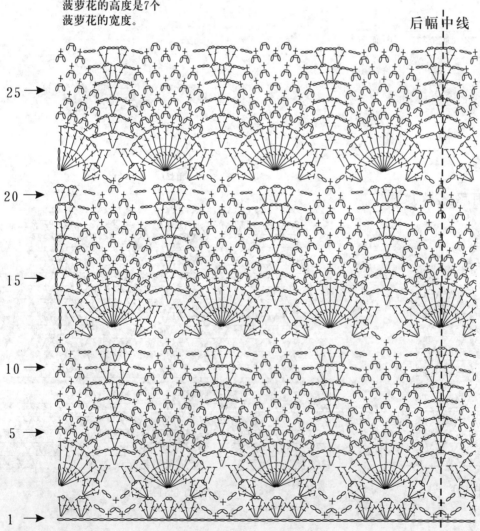

25 →

20 →

15 →

10 →

5 →

1 →

袖子图解（2片）

袖子先钩上部分，然后把袖山和衣身拼合，并拼合侧缝，最后钩3个宽度的菠萝花头尾相接。

花边图解
衣服领口到门襟的花边

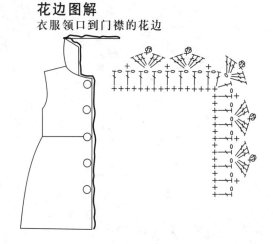

→ 20

→ 15

→ 10

→ 5

→ 1

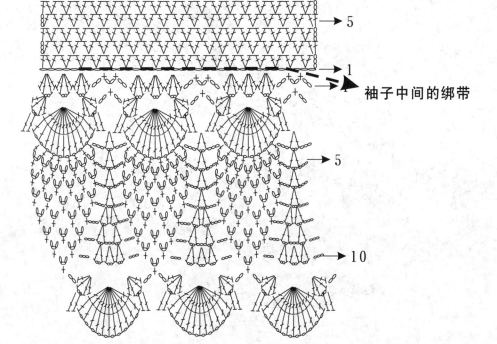

袖子中间的绑带

→ 5

→ 10

钩1条长约58cm的锁针

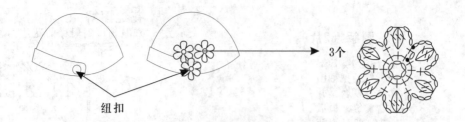

纽扣　　　　　　　　　　　　　　　　3个

帽子图解

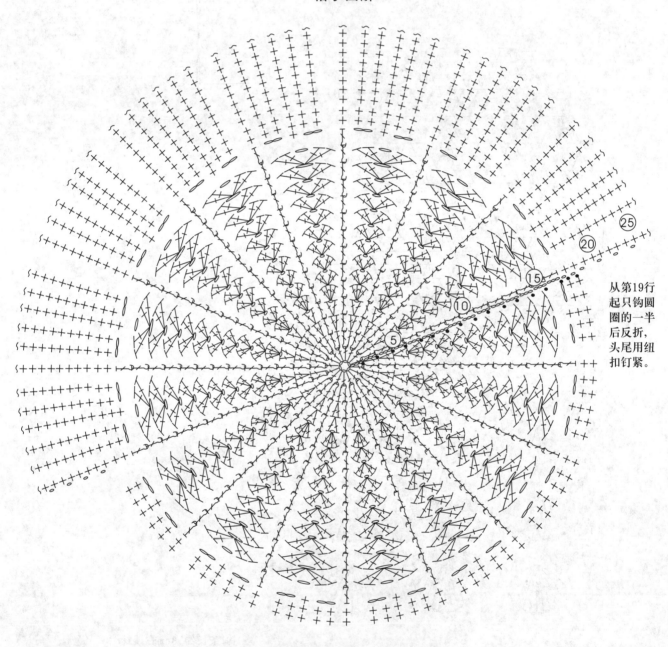

从第19行起只钩圆圈的一半后反折，头尾用纽扣钉紧。

编织要点

　　儿童帽子按照帽子的钩法，从帽顶起针，钩18行，加针方法参照图解，在一侧面钉纽扣和3个单元花。第19行到第25行为短针，第26行为逆短针。

活力宝宝衫

【成品规格】衣长37cm，下摆宽55cm，帽高15cm，帽围46cm
【工　　具】2.5mm可乐钩针
【材　　料】红色毛线200g左右，白色毛线少许

编织要点

　　儿童上衣按照图解先钩上半身，再钩下半身和袖子2个，最后钩花装饰在左胸前，儿童帽子按照帽子的钩法，钩13行长针，3行短针，每行头尾相接成圈形，钩花装饰在帽子上。具体做法参照如下图解。

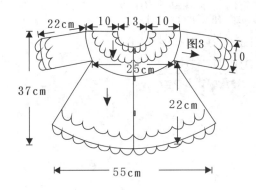

背面

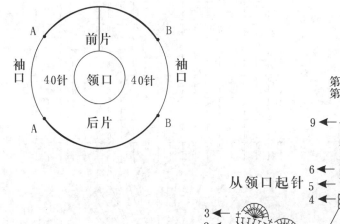

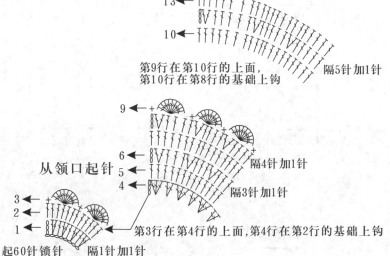

上半身的做法：

13←

10←

第9行在第10行的上面，
第10行在第8行的基础上钩

隔5针加1针

9←

6←
5←
4←

隔4针加1针

隔3针加1针

从领口起针

3←
2←
1←

第3行在第4行的上面，第4行在第2行的基础上钩

起60针锁针　隔1针加1针

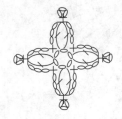

装饰花的钩法：

帽子9个，6个白色，3个红色，红色花芯穿珠子
衣服7个，4个白色，3个红色，红色花芯穿珠子

下半身的做法：

在上半身第13行的基础上
(去掉袖口部分)钩下半身，
从第1行起10针加1针,参照
图解。

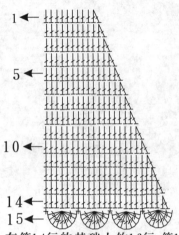

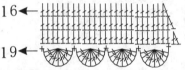

在第14行的基础上钩16行,第15行在第16行之上

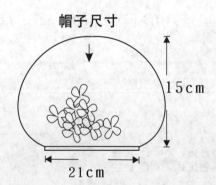

袖子的做法: 在上半身的袖口处起针

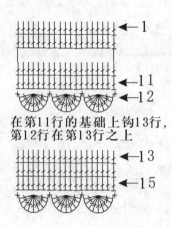

在第11行的基础上钩13行,
第12行在第13行之上

帽子的钩法： 钩13行长针,3行短针

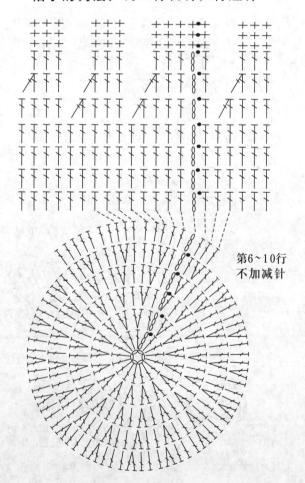

第6~10行
不加减针

（行）	（针数）
1	17
2	34
3	51
4	68
5~10	85
11	68
12	51
13	51
14~16	51

帽子尺寸

15cm

21cm

朝气宝宝套装

【成品规格】衣长24cm，下摆宽32cm，背心长22cm，
　　　　　　背心下摆宽31cm，裙长27cm，头饰高24cm
【工　　具】2.5mm可乐钩针
【材　　料】绿色毛线300g左右，白色、黄色、橙色毛线少许，
　　　　　　发夹1个

　　参照上衣外套结构图，按照拼花方法拼花，拼完后钩衣服外围和袖口的花边。参照裙子的结构图，先拼花再钩裙头和下边花边，最后钩1条辫子针为腰带。发夹和背心参照图解的钩法，具体做法参照如下图解。

外套尺寸：

30个单元花
2个半花

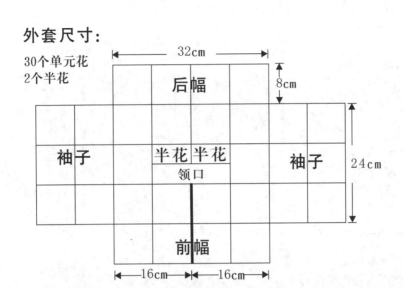

单元花和拼花的钩法：

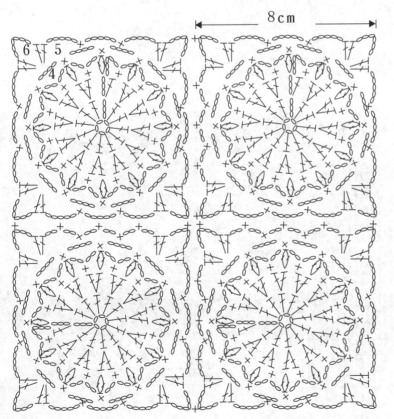

头饰半花的钩法：

背心：

绣花

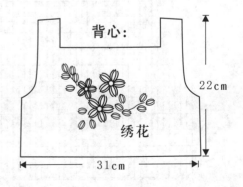

99

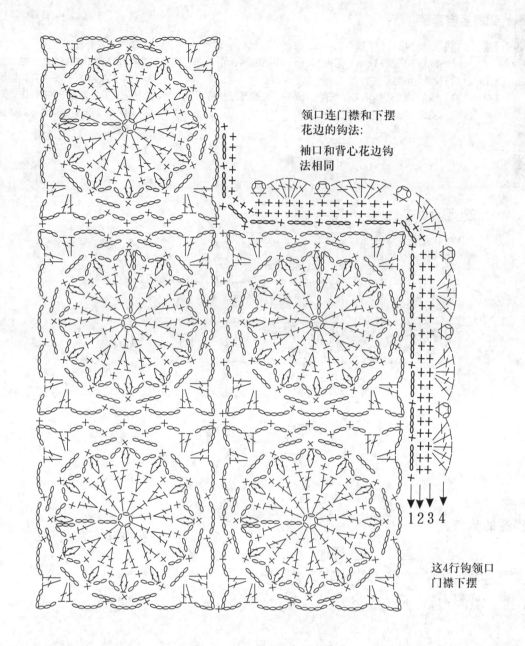

领口连门襟和下摆
花边的钩法:

袖口和背心花边钩
法相同

↓↓↓↓
1 2 3 4

这4行钩领口
门襟下摆

背心的钩法: 前幅和后幅第1行到第6行钩成圈,
从第7行起先钩前幅再钩后幅。

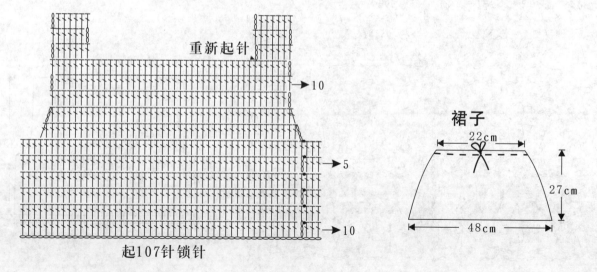

重新起针

→10

→5

→10

起107针锁针

裙子

22cm

27cm

48cm

100

裙子展开图： 24个单元花，头尾拼接成圈

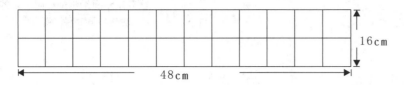

16cm

48cm

头饰的钩法：

先钩3个单元花和3个半花，
参照拼花方法拼花，然后
钩3行短针包住发夹

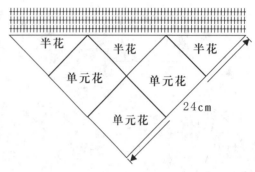

半花　半花　半花

单元花　单元花

单元花

24cm

裙头的钩法

单元花的拼法参照拼花方法拼花

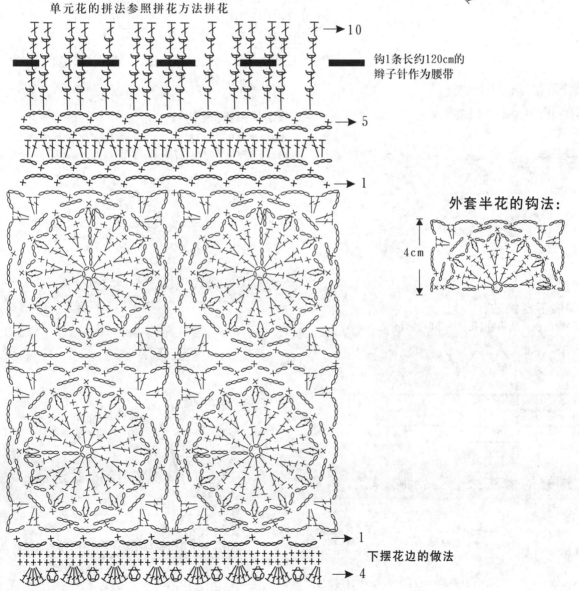

→ 10

钩1条长约120cm的
辫子针作为腰带

→ 5

→ 1

外套半花的钩法：

4cm

→ 1

下摆花边的做法

→ 4

101

小公主吊带裙

【成品规格】衣长45cm，下摆宽55cm
【工　　具】1.5可乐钩针和2.5mm可乐钩针
【材　　料】黄色毛线150g左右，白色、黑色、粉色、蓝色毛线少许

编织要点

　儿童裙子先按照图解钩衣服上半身，在上半身的基础上向下钩4层重叠裙摆。然后钩3只蝴蝶装饰在裙子上，最后穿丝带在腰间。头饰参照图解的做法。具体做法参照如下图解。

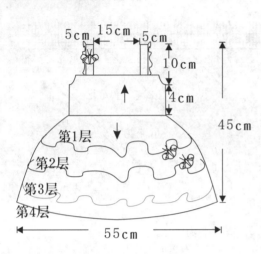

上半身的做法：

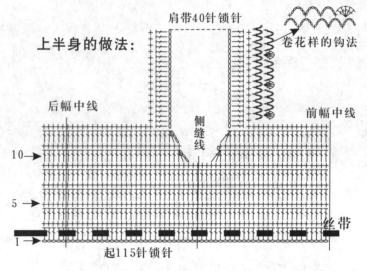

肩带40针锁针

卷花样的钩法

后幅中线　　侧缝线　　前幅中线

丝带

起115针锁针

第1层花样：

对应上半身锁针8针1个花样

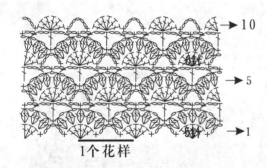

1个花样

第2层和第3层钩法：

第2层花样从第1层花样的第6行起针，钩到第13行
第3层花样从第2层花样的第9行起针，钩到第10行

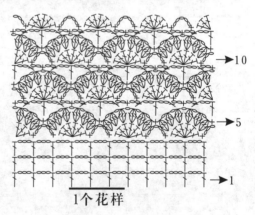

1个花样

第4层下摆钩法：

此层为白色，从第3层花样的第6行钩起

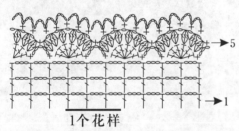

1个花样

头饰的做法：

钩4行短针包住头饰，再钩1个蝴蝶结缝在右侧

蝴蝶结的做法：

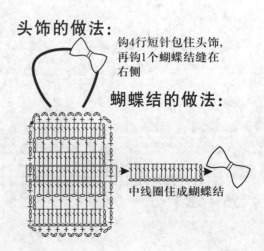

中线圈住成蝴蝶结

蝴蝶的做法： 数字表示钩的顺序

3只

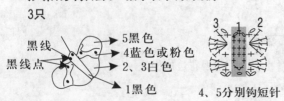

黑线
黑线点

→5黑色
→4蓝色或粉色
→2、3白色
→1黑色

4、5分别钩短针

帅气小外套

【成品规格】衣长34cm，下摆宽30cm

【工　　具】2.5mm可乐钩针

【材　　料】灰色毛线150g左右，扣子3枚

编织要点

　　儿童衣服参照图解，先钩衣身前幅2片和后幅1片，拼肩后，接着钩袖子2片，再钩领子1片，最后钉扣子，具体做法参照如下图解。

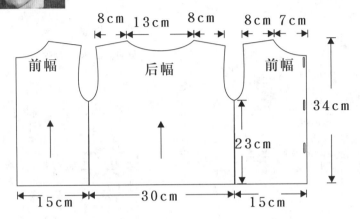

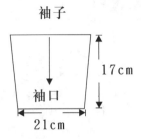

袖子图解

拼完肩后，从袖口起针延伸钩袖子2个，钩18行，袖口钩3行短针。

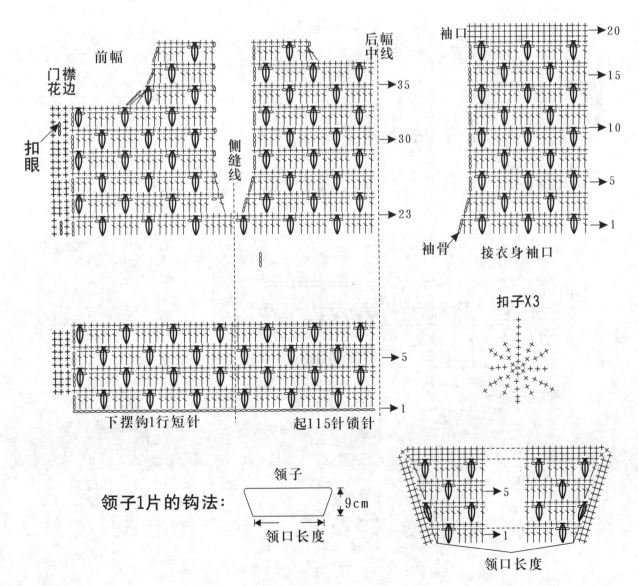

领子1片的钩法：

温暖宝宝三件套

【成品规格】衣长33cm，下摆宽32cm，帽高17cm，帽围44cm，
　　　　　围巾长87cm，围巾宽13cm
【工　　具】2.5mm可乐钩针
【材　　料】灰色毛线250g左右，橙色毛线和黑色毛线少许，塑
　　　　　料珠子4个，纽扣3枚

编织要点

儿童帽子按照帽子的钩法，从帽顶起共钩15行，另钩护耳2个，加针方法参照图解。围巾做法参照图解。儿童衣服先钩前幅和后幅，接着钩袖子2个，最后缝上纽扣。具体做法参照如下图解。

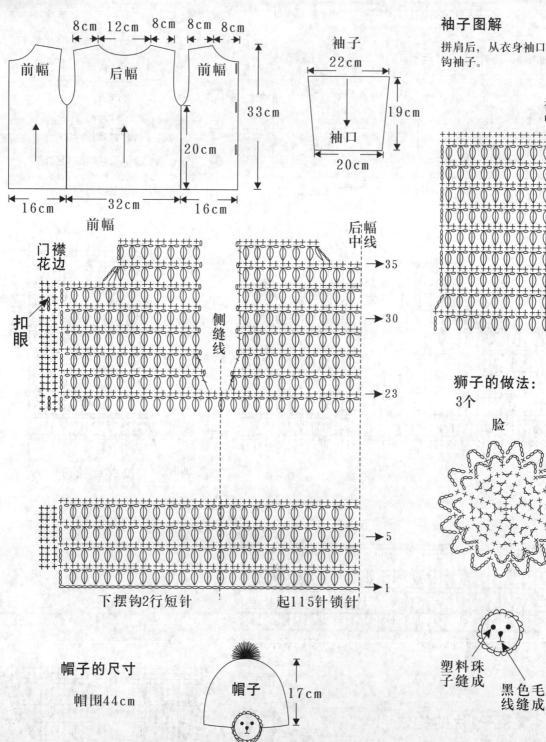

8cm　12cm　8cm　8cm　8cm

前幅　　　后幅　　　前幅

33cm

20cm

16cm　　　32cm　　　16cm

前幅

袖子
22cm
袖口
19cm
20cm

袖子图解

拼肩后，从衣身袖口钩袖子。

袖子中线

→15
→10
→5
→1

门襟花边
扣眼

后幅中线
→35
→30
侧缝线
→23

→5
→1

下摆钩2行短针　　起115针锁针

狮子的做法：
3个

脸

塑料珠子缝成
黑色毛线缝成

帽子的尺寸

帽围44cm

帽子
17cm

锁针长度为23cm

104

帽子的做法：

护耳2个
互相对称

帽子外围钩花边1圈

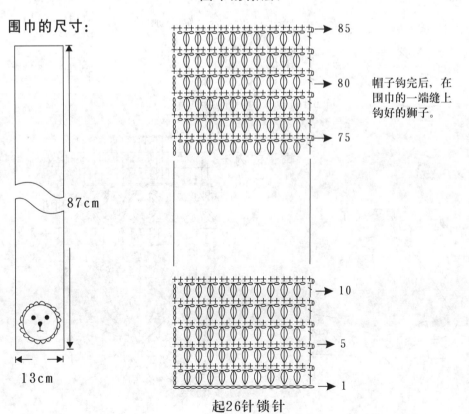

→15

→10

23cm锁针连接
的2个小球

收成1针

→6

起针

帽子钩完后，在护耳的上面缝上钩好的狮子，并在帽顶缝上线球。

围巾的做法：

围巾的尺寸：

→85

→80

→75

帽子钩完后，在
围巾的一端缝上
钩好的狮子。

87cm

13cm

→10

→5

→1

起26针锁针

清凉宝宝毛衣

【成品规格】衣长38cm，下摆宽68cm，帽高17cm，帽围46cm
【工　　具】2.5mm可乐钩针
【材　　料】白色毛线150g左右，绿色、蓝色、粉色毛线少许，
　　　　　　白色塑料扣4枚

　　儿童帽子按照帽子的钩法，先钩8行接拼花，每行头尾相接成圈形，帽沿3行参照图样。儿童毛衣按照图解的钩法，先钩图1，在图1的基础上钩图2和图3，具体做法参照如下图解。

图2的做法：

在图1的基础上钩图2和图3

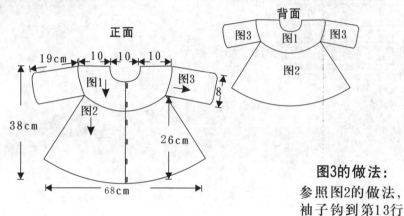

正面　　　　背面

图3的做法：

参照图2的做法，
袖子钩到第13行

图1的钩法：

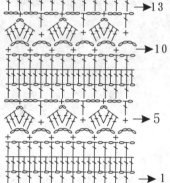

隔5针加1针
隔4针加1针
隔3针加1针

花边的做法：

袖口、领口、下摆
和门襟

图1展开图

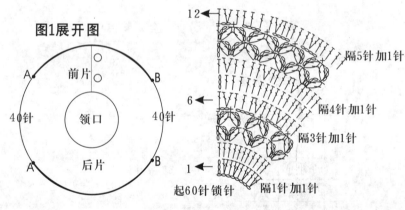

前片
后片
领口
A　B
40针　40针

起60针锁针
隔1针加1针

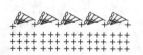

帽子的钩法：　帽沿加针

拼花

帽子尺寸

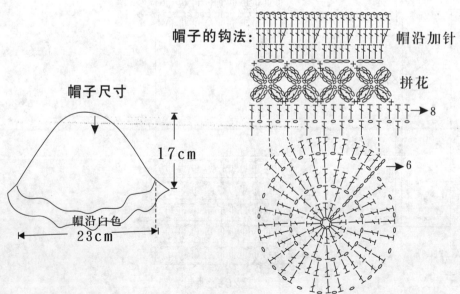

17cm

帽沿白色
23cm

紫色优雅套裙

【成品规格】衣长22.5cm，下摆宽27cm，帽高20cm，
帽围46cm，裙长48cm
【工　　具】2.5mm可乐钩针
【材　　料】紫色毛线400g左右，塑料扣子4枚

编织要点

　　此套装是背心裙、小外套和帽子。首先编织小外套，总共由16个单元花和2个半花组成，单元花和半花钩法参照图解，拼花参照图解。然后钩背心裙，裙子首先起针向上钩上半身，然后向下钩下半身。帽子参照图解，具体做法参照如下图解。

外套尺寸

16个单元花
2个半花

27cm

45cm

袖口　半花　半花　袖口

13.5cm　13.5cm

单元花和拼花的钩法：

9cm

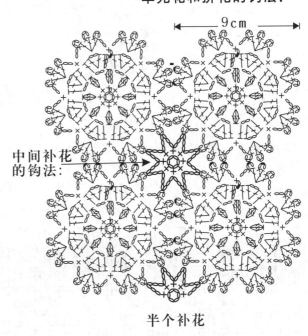

中间补花
的钩法：

半个补花

帽子尺寸

正面

20cm

1个单元花　1个单元花

帽沿

23cm

背面

半花的钩法：

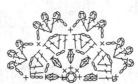

帽子的钩法：

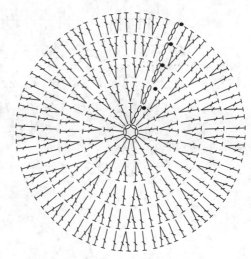

拼花1圈，头尾相接，钩完后缝合帽顶第6行

第6行起接拼花4个

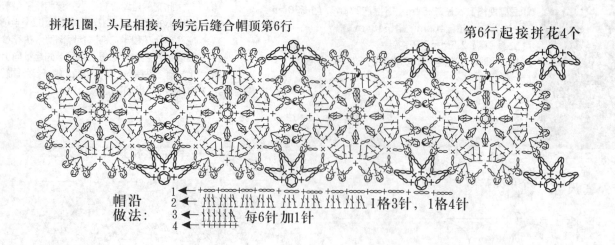

帽沿
做法：
1 ←
2 ← 1格3针，1格4针
3 ← 每6针加1针
4 ←

裙子的做法：

后幅中线

前幅

门襟
做法

20 →

15 →

10 →

5 →

1 →

侧缝线

起115针锁针

1 →

腰部的
做法

5 →

在第5行的基础上钩下半身，每针加钩1针

1 →

10 →

下摆拼花
12个

裙子的尺寸

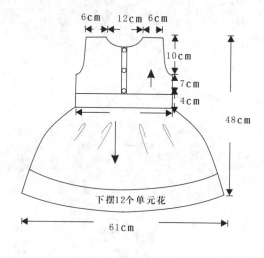

6cm 12cm 6cm

10cm

7cm

4cm

48cm

下摆12个单元花

61cm

扣子X3

在第4行压塑料扣，
最后收成1针

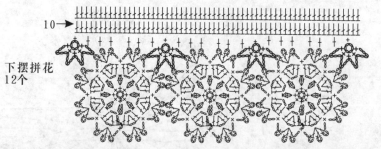

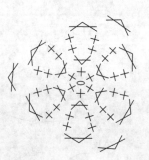

大方公主裙

【成品规格】衣长50cm，帽高17cm，帽围46cm
【工　具】2.5mm可乐钩针
【材　料】黄色毛线200g左右，纽扣2枚

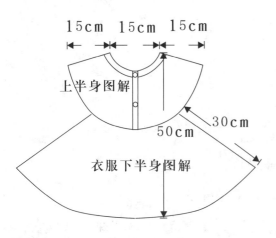

衣服上半身图解

领口起针，共9个花样

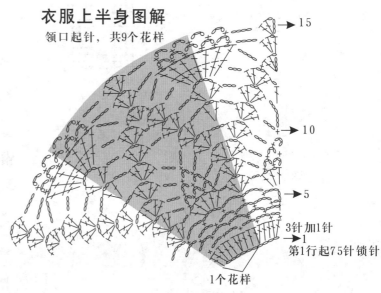

3针加1针

第1行起75针锁针

1个花样

衣服下半身图解

接衣服上半身，共9个花样，每行头尾相接成圈。

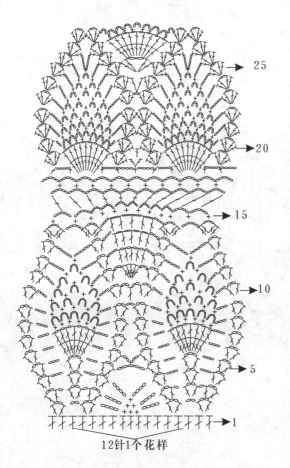

12针1个花样

上半身展开图

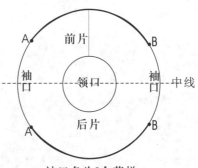

袖口各为3个花样

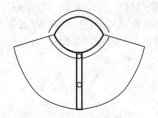

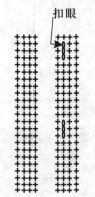

后片中央开叉处各钩
4行短针，开2个扣眼。

扣眼

钩完衣服上半身和下半
身后，在衣服的上半身
的第15行挑针钩1行花边
压在下半身花样上面，
花边图解如下：

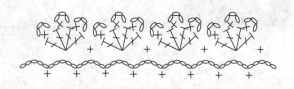

黑粗线位置需要钩花边，
花边图解如下：

帽子尺寸

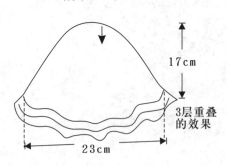

17cm

3层重叠
的效果

23cm

帽子做法：

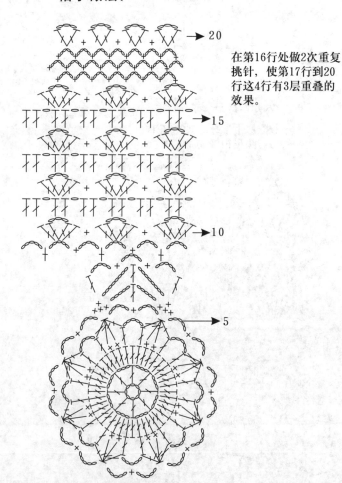

→ 20

→ 15

→ 10

→ 5

在第16行处做2次重复
挑针，使第17行到20
行这4行有3层重叠的
效果。

休闲宝宝对襟衫

【成品规格】衣长34cm，下摆宽30cm
【工　　具】2.5mm可乐钩针
【材　　料】绿色和白色毛线各100g左右，
　　　　　　扣子4枚

编织要点

　儿童衣服参照图解，先钩衣身前幅2片和后幅1片，拼肩后，接着钩袖子2片，再钩领子1片，最后钉扣子，具体做法参照如下图解。

衣服尺寸

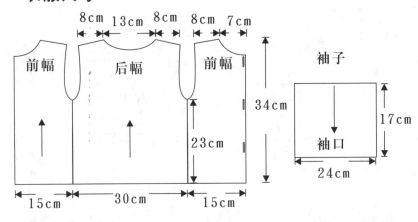

袖子图解

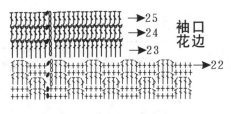

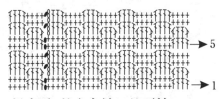

拼肩后，从衣身袖口处开始钩，49针成圈。

衣服图解

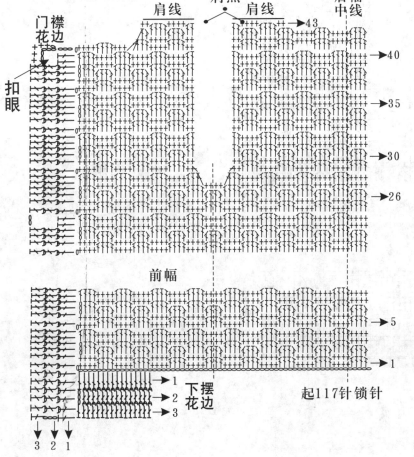

起117针锁针

领子1片的钩法：

钩第1行的时候2个肩点处2针并1针。

领子

9cm

领口长度

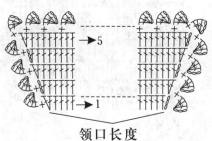

领口长度

111

卡通配色连帽衫

【成品规格】衣长34cm，下摆宽30cm
【工　　具】2.5mm可乐钩针
【材　　料】段染毛线150g左右，白色、灰色毛线少许，
　　　　　　塑料珠子2个

儿童衣服参照图解先钩前幅2片、后幅1片和袖子2个，然后在衣身的基础上钩帽子，最后钩小熊装饰袋和纽扣。具体做法参照如下图解。

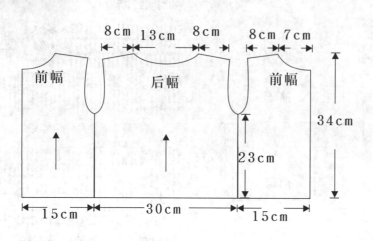

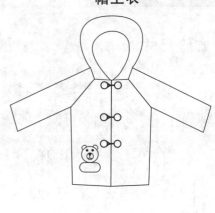

插肩袖连
帽上衣

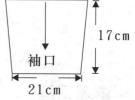

袖口

17cm

21cm

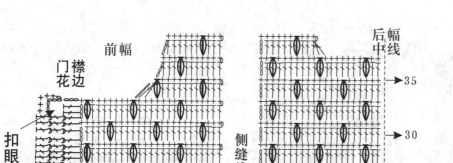

前幅　后幅中线

门襟花边

扣眼

侧缝线

35

30

23

纽扣图解

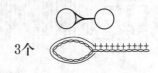

3个

6个

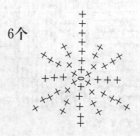

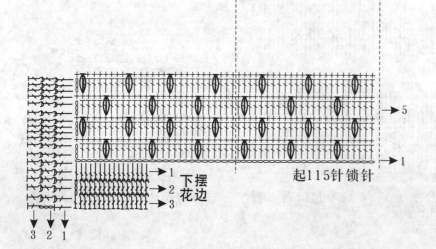

5

1

起115针锁针

1
2
3
下摆花边

3　2　1

112

袖子图解

拼完肩后，从袖口起针
延伸钩袖子2个，钩18
行，袖口钩3行

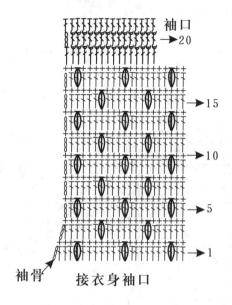

袖口
→20

→15

→10

→5

→1

袖骨

接衣身袖口

袋子小熊的图解

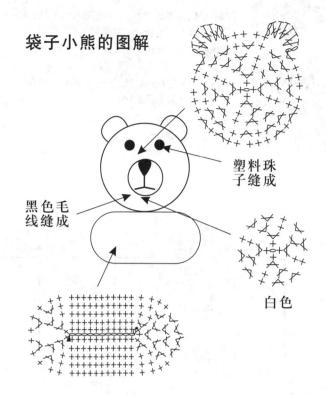

塑料珠
子缝成

黑色毛
线缝成

白色

帽子的钩法：

在领口开始起针，领口转角处2针
并1针，钩16行，帽顶缝合

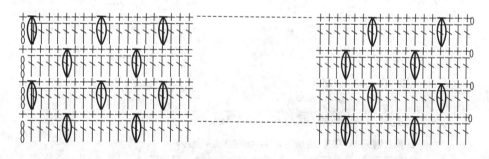

帽沿钩花边：

粉色小公主连衣裙

【成品规格】裙长38cm，下摆宽40cm，袖长9cm

【工　　具】13号棒针，10号棒针

【编织密度】花样A/B：30针×44行=10cm²

　　　　　　花样C：37针×44行=10cm²

【材　　料】粉红色棉线300g，灰色棉线50g，
　　　　　　装饰图案1个

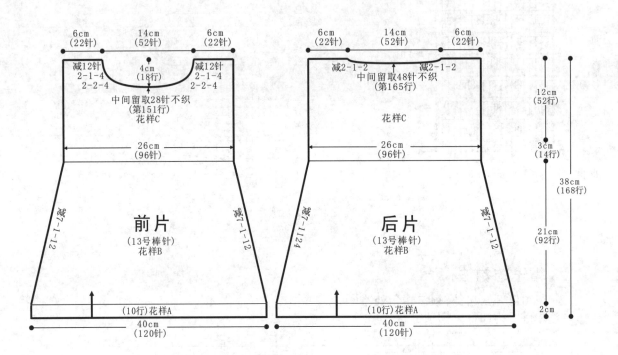

前片
(13号棒针)
花样B

6cm(22针)　14cm(52针)　6cm(22针)
减12针 2-1-4 2-2-4
4cm(18行)
中间留取28针不织(第151行)
花样C
26cm(96针)
减7-1-12
(10行)花样A
40cm(120针)

后片
(13号棒针)
花样B

6cm(22针)　14cm(52针)　6cm(22针)
减2-1-2
中间留取48针不织(第165行)
花样C
26cm(96针)
减7-1-12
(10行)花样A
40cm(120针)

12cm(52行)
3cm(14行)
21cm(92行)
2cm
38cm(168行)

前片/后片制作说明

1. 棒针编织法，裙身分为前片和后片分别编织而成。

2. 起织后片，下针起针法，起120针，起织花样A，织10行后，从第11行起改织花样B，一边织一边两侧减针，方法为7-1-12，织至102行，从第103行起改织花样C与花样D间隔编织，每3针花样C间隔8针花样D，重复往上织至165行，织片中间留取48针不织，两侧减针织成后领，方法为2-1-2，织至168行，两肩部各余下22针，收针断线。

3. 起织前片，前片的编织方法与后片相同，织至151行，织片中间留取28针不织，两侧减针织成前领，方法为2-2-4，2-1-4，减针后不加减针织至168行，两肩部各余下22针，收针断线。

4. 前片与后片的两侧缝对应缝合，肩部以下留起12cm的长度作为袖隆。两肩部对应缝合。

5. 最后在前片胸前缝上装饰图案。

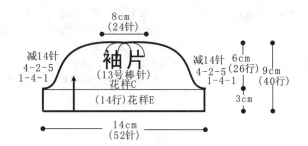

1. 棒针编织法，编织两片袖片。袖口起织。
2. 单罗纹针起针法，起52针，起织花样E，织14行后，改织花样C，一边织一边两侧减针，方法为1-4-1，4-2-5，织至40行，织片余下24针，收针断线。
3. 用同样的方法再编织另一袖片。
4. 缝合方法：将袖山对应前片与后片的袖窿线，用线缝合，注意袖顶制作褶皱，形成灯笼袖效果。

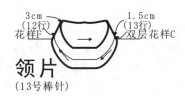

1. 棒针编织法，环形编织完成。
2. 挑织衣领，沿前后领口挑起108针，编织花样C，织6行后，第7行织上针，然后再织6行下针，向内与起针缝合成双层机织领，断线。
3. 沿双层领口边缘挑针起织，挑起108针织花样F，织8行后，改用10号棒针织4行，收针断线。

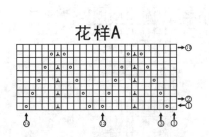

花样A

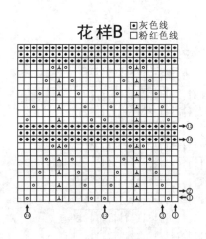

花样B
■灰色线
□粉红色线

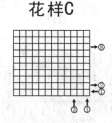

花样C

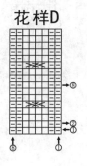

花样D

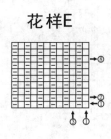

花样E

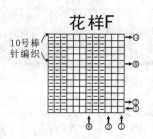

花样F

个性小熊连身衣

【成品规格】衣长31cm，下摆宽34cm，裤长41cm，
　　　　　　腰围52cm
【工　　具】3.0mm可乐钩针
【材　　料】褐色毛线150g左右，段染毛线100g左右

　　儿童衣服参照图解先钩衣身，再钩衣服袖子2个，上完袖后，在衣身的基础上钩衣服帽子，最后钩衣帽沿连门襟和下摆3行短针。裤子先钩2个裤筒，再钩横裆，最后钩裤腰穿橡筋，具体做法参照如下图解。

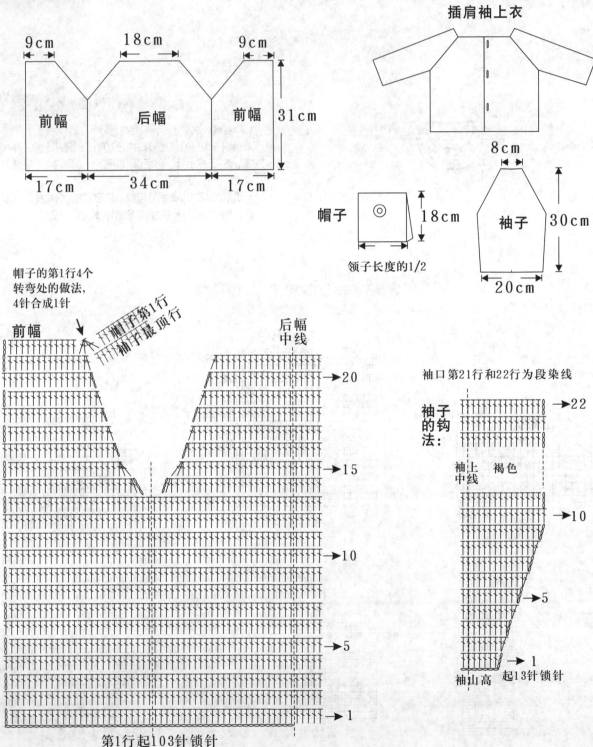

插肩袖上衣

帽子
领子长度的1/2

袖子

8cm
30cm
20cm

9cm　18cm　9cm
前幅　后幅　前幅　31cm
17cm　34cm　17cm

18cm

帽子的第1行4个
转弯处的做法，
4针合成1针

前幅　帽子第1行　袖子最顶行　后幅中线

→20
→15
→10
→5
→1

第1行起103针锁针

袖口第21行和22行为段染线

袖子的钩法：

袖上中线　褐色

→22
→10
→5
→1

袖山高　起13针锁针

116

帽子的做法：

帽子中线

帽顶对折拼合

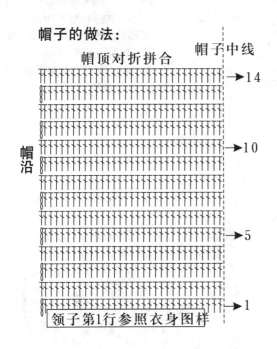

帽沿

领子第1行参照衣身图样

→14
→10
→5
→1

帽子上2个耳朵的做法：

先钩褐色半圆后对折，再钩段染圆形，把段染圆形缝在半圆上。

褐色半圆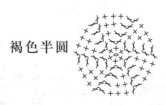

第1行到4行逐层加针
第5行到8行不加针

段染圆形 15针

裤子

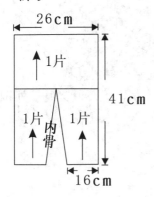

26cm

1片

41cm

1片 内 1片
骨

16cm

裤筒需要2个，从第1行到第16行为裤筒。

钩完裤筒后，把裤筒的内侧缝拼合，围绕2个裤筒再钩10行长针成圈到裤腰。

10行长针

每行是2个裤筒第16行的针数

裤子的做法：

裤腰1/4宽度

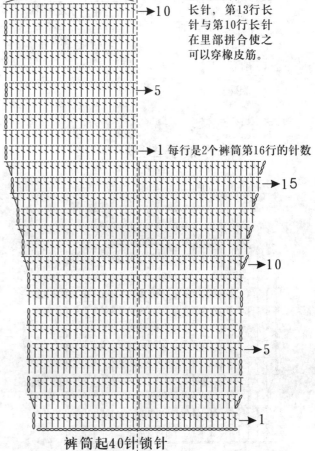

裤腰在第10行的基础上再钩3行长针，第13行长针与第10行长针在里部拼合使之可以穿橡皮筋。

→10
→5
→1 每行是2个裤筒第16行的针数
→15
→10
→5
→1

裤筒起40针锁针

粉色雅致对襟外套

【成品规格】衣长34cm，下摆宽35cm，帽高18cm，帽围46cm
【工　　具】2.5mm可乐钩针和5.0mm可乐钩针
【材　　料】粉色长毛线200g左右，白色、粉色毛线少许

编织要点

儿童帽子按照帽子的钩法，钩10行长毛线长针，帽沿花边参照图样。儿童衣服参照图解，先钩衣身接着钩袖子，最后钩领子、衣服外围花边和纽扣。具体做法参照如下图解。

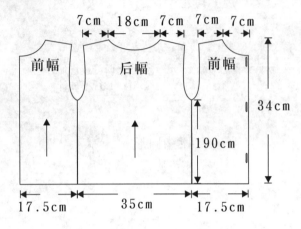

7cm　18cm　7cm　7cm　7cm

前幅　　后幅　　前幅

34cm

190cm

17.5cm　　35cm　　17.5cm

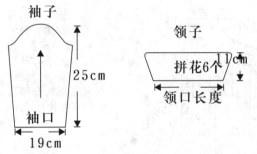

袖子

25cm

袖口

19cm

领子

拼花6个　11cm

领口长度

领子6个单元花

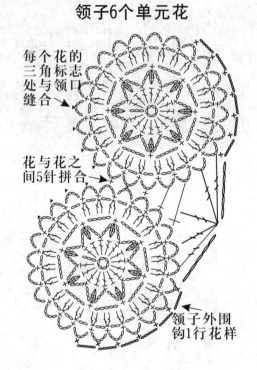

每个花的三角处与领口标志与领口缝合

花与花之间5针拼合

领子外围钩1行花样

袖子图解

2片

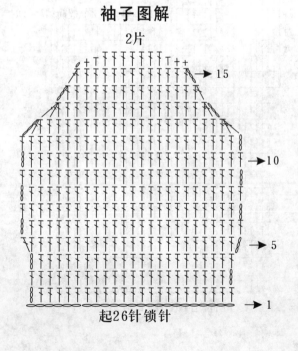

→15

→10

→5

→1

起26针锁针

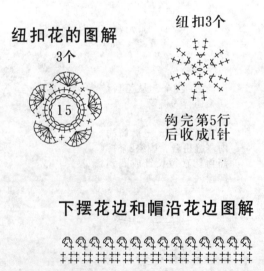

纽扣花的图解

3个

15

纽扣3个

钩完第5行后收成1针

下摆花边和帽沿花边图解

衣服图解 用长毛线钩长针

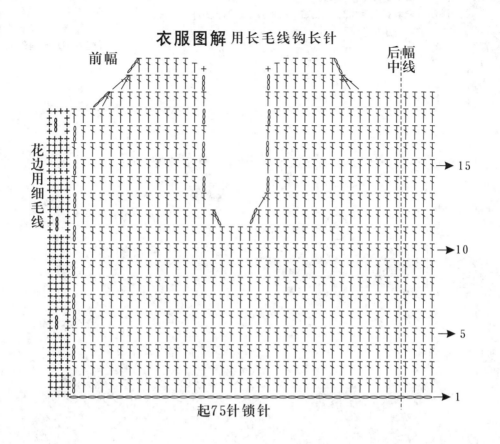

前幅

后幅中线

花边用细毛线

起75针锁针

→ 15

→ 10

→ 5

→ 1

帽子的尺寸：

18cm

23cm

帽子钩10行长毛线

帽子的钩法：

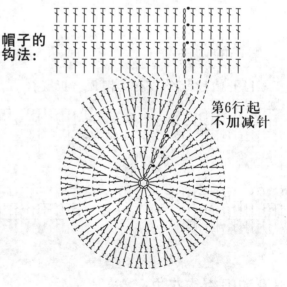

第6行起
不加减针

119

超可爱小兔披风

【成品规格】衣长42cm，下摆宽70cm，帽高21cm
【工　　具】2.5mm可乐钩针
【材　　料】紫色毛线200g左右，白色、黑色毛线少许，
　　　　　　　塑料珠子8个

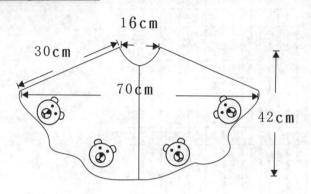

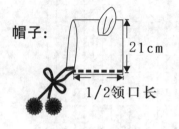

帽子：
21cm
1/2领口长

披肩分16
等份的分法：

领口

编织要点

　　儿童披肩从领口起针，共16个等份，
参照1个等份的做法，再钩4个小熊装饰
在披肩的正面下摆，帽子参照图解，钩
16行长针，钩2个长耳朵为装饰。具体
做法参照如下图解。

16cm
30cm
70cm
42cm

4个装饰小熊
的图解

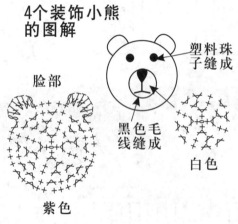

塑料珠子缝成
脸部
黑色毛线缝成
白色
紫色

1个等份的做法：

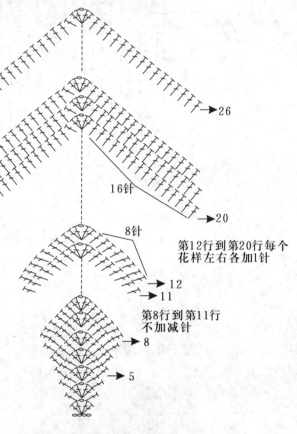

26
16针
20
8针
第12行到第20行每个
花样左右各加1针
12
11
第8行到第11行
不加减针
8
5

帽子的钩法：

在领口开始起针，钩16行，帽顶对折缝合

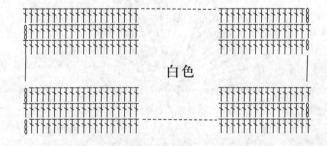

白色

2个长耳朵的钩法：

钩完2个长耳朵后缝在帽子上

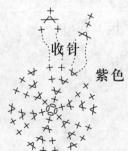

收针
紫色

行数	短针针数
1	6
2	12
3	18
4~12	18
13~14	12
15	6
16	1

帽沿和门襟钩花边：

紫色
3 白色
紫色
1 紫色

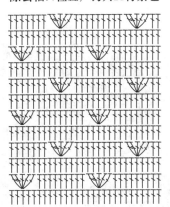

秀雅配色两件套

【成品规格】围巾长110cm，围巾宽15cm，衣长38cm，下摆宽68cm
【工　　具】2.5mm可乐钩针
【材　　料】紫色毛线150g左右，白色毛线100g左右

编织要点

　　儿童衣服先钩衣服上半身图1，再钩图2，接着钩袖子图3，最后钩领口和门襟的短针。儿童围巾按照围巾的钩法，共钩69行，叶子和立体花参照图解。具体做法参照如下图解。

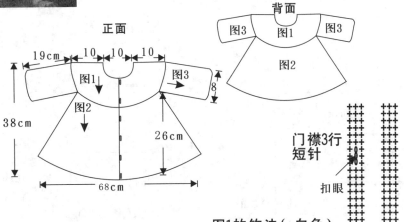

正面

背面

图3　图1　图3
图2

19cm　10　10　10

图1
图3
图2

38cm

8

26cm

68cm

门襟3行
短针

扣眼

图2的钩法（紫色）：

除去袖口位置，钩共21行紫色

图1的钩法（白色）：

图1展开图

A　前片　B
40针　领口　40针
A　后片　B

9

5

隔5针加1针
隔4针加1针
隔3针加1针

1

起60针锁针　隔1针加1针

图3为白色袖子的钩法：

参照图1展开图，在A点和A点、B点和B点之间起针钩袖子，钩14行长针，袖口3行短针。

袖口

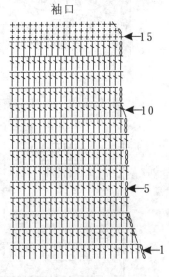

15
10
5
1

围巾的尺寸：

110cm

叶子　立体花

15cm

围巾的钩法：

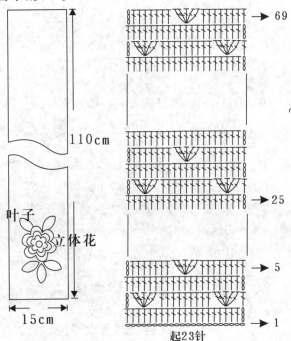

69

25

5

1

起23针

叶子5片

立体花1个：

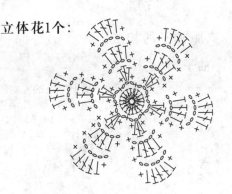

121

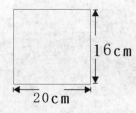

快乐宝贝装

【成品规格】衣长38cm，下摆宽50cm，帽高20cm，帽围46cm
【工　　具】2.5mm可乐钩针
【材　　料】段染毛线200g左右，白色、蓝色、黄色长毛线，
　　　　　　绿色毛线少许

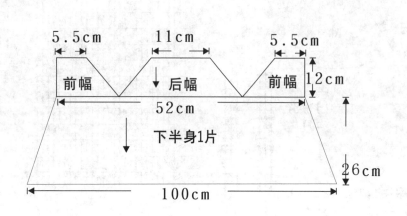

下半身1片

插肩袖上衣

绑带的做法：

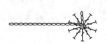

衣服上半身的钩法：

按照这个规律钩到第10行后，在此基础上钩衣服下半身和袖子。

衣服下半身的钩法：

从上半身的前幅和后幅的位置继续钩如下花样到下摆：

第1行起59针锁针，分割如下：

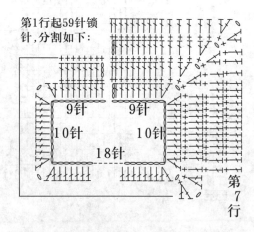

衣服袖子的钩法：

袖子2个

从上半身的左右2个接袖子的位置继续钩16行（1行长针，1行短针）到袖口，每行成圈，袖口钩1行短针和1行逆短针。

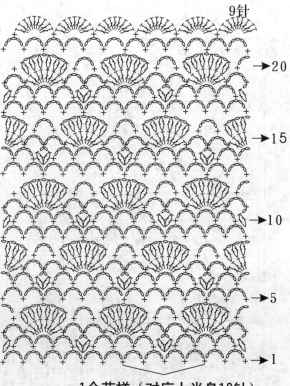

1个花样（对应上半身10针）

122

帽子尺寸

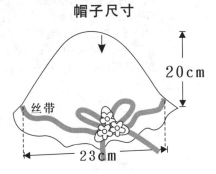

20cm

丝带

23cm

装饰花的做法:
花3朵由长毛线钩成,
3朵为3个颜色: 白色、
黄色、蓝色

叶子3片,
均为绿色

帽子的钩法:

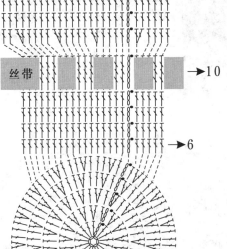

→14

丝带 →10

→6

第1行长针
为17针

围巾的做法:

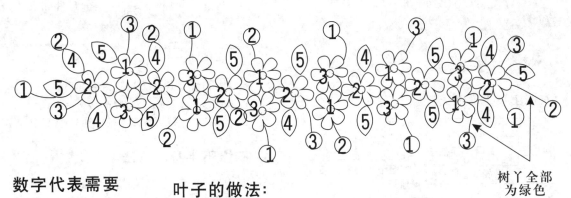

树丫全部
为绿色

数字代表需要
钩的颜色:

1蓝色
2白色
3黄色
4段染
5绿色

叶子的做法:

(17片,颜色为
绿色或段染)

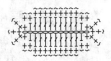

增加或减少第1行锁针
的数目,使叶子有大小

单元花的做法和拼法:

(19个单元花,颜色参照平面图)

小圆圈和树丫的做法:

(19个,颜色参照平面图)

增加或减少锁
针的数目,使
长短不一

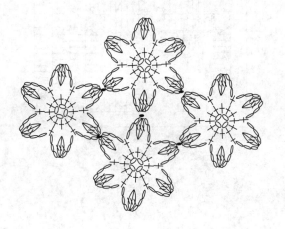

简约拼色毛衣

【成品规格】衣长33cm，下摆宽30cm，裤长47cm，
　　　　　　腰围44cm
【工　　具】2.5mm可乐钩针
【材　　料】黄色毛线150g左右，白色、蓝色、紫色、
　　　　　　浅紫色毛线少许，扣子5枚

　　儿童衣服参照图解先钩上半身，
再钩衣服下半身和袖子2个，然后钩
装饰花。儿童帽子参照图解先钩帽
子后与领口拼合。裤子参照图解从
裤脚钩到裤腰，具体做法参照如下
图解。

插肩袖连
帽上衣

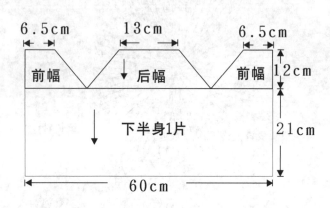

装饰花

袖子2个　19cm

20cm

帽子绑带的做法：

衣服上半身的钩法：

按照这个规律
钩到第7行后，
在此基础上钩
衣服下半身和
袖子。

衣服袖子的钩法：

从上半身的左右2个接袖子的位置继续钩
12行到袖口，每行成圈，袖口钩3行短针。

衣服下半身的钩法：

从上半身的前幅和后幅的位置继续钩
13行到下摆，下摆钩3行短针。

第1行起59针锁
针，分割如下：

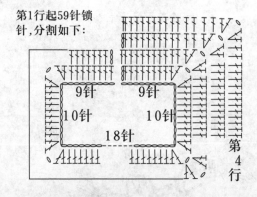

袖中线和腰中线装饰花的做法：

12个深紫色和13个
浅紫色，左右袖
子各5个，贴在领
口绑带的花左
右各1个，腰中线
是13个。

25个

很随意地在袖中线或
者腰中线钩花藤，在
叶子处缝上1朵花。

帽子的钩法：

首先在领口钩1行长针，注意领口转角处2针并1针，在钩的同时与黑线位置拼合。

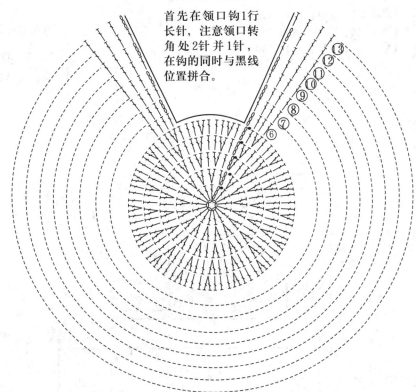

裤子

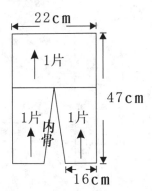

22cm

1片

47cm

1片 内骨 1片

16cm

裤筒需要2个，从第1行到第17行为裤筒

钩完裤筒后，把裤筒的内骨拼合，围绕2个裤筒再钩11行长针成圈到裤头。

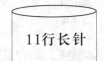

11行长针

每行是2个裤筒第17行的针数

裤子的做法：

裤腰1/4宽度

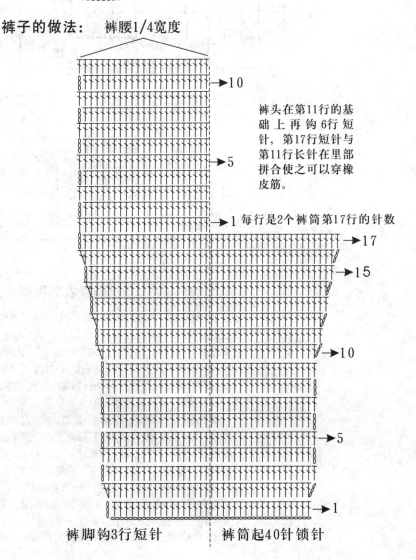

→10

→5

→1 每行是2个裤筒第17行的针数

→17

→15

→10

→5

→1

裤头在第11行的基础上再钩6行短针，第17行短针与第11行长针在里部拼合使之可以穿橡皮筋。

裤脚钩3行短针

裤筒起40针锁针

小天使连衣裙

【成品规格】连身衣衣长35cm，袖长6cm
【工　　具】1.75mm钩针
【材　　料】白色宝宝绒线130g，白色珠子9粒

符号说明：

2-1-3	行-针-次
+	短针
︱	长针
◦◦◦	锁针

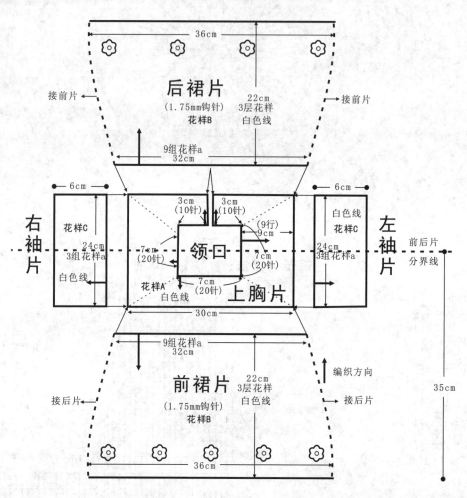

连身衣制作说明

1. 钩针编织法，从领口起钩，先钩织上胸片，再分成裙片、袖片编织。全用白色线钩织。

2. 起钩，起27cm长的锁针，共80针起钩，再加高3针锁针，起钩第1行长针行，如花样A，将第1行的针数分配成前片、后片和袖片进行加针编织，编织方法依照花样A，将长针行加针钩成9行后，在钩最后一针时，将后开襟闭合。继续下一步裙摆片的钩织。

3. 起钩裙片，环钩，沿着胸片下摆边，挑针起钩花样a花样组，共钩成9组花样a，然后参照花样B图解往下钩织花样a，完成后断线，藏好线尾，再用白色线钩织9朵白色体花，别于裙摆的9个扇形花上。花芯再用珠粒装饰。立体花的图解见花样D，钩织一段系带，穿过裙子的腰间。

4. 袖片的钩织，共3组花样a，用白色线钩织袖片，环钩，参照花样C图解钩织好袖片，断线，藏好线尾。袖口的扇形花上，同样钩织3朵立体花装饰。同样用白色线用相同的方法钩织另一袖片。

5. 使用丝带绣的方法，在领口边绣上花样装饰。衣服完成。

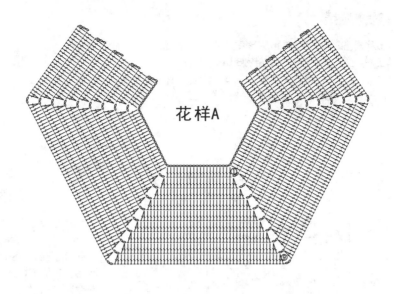

花样A

（裙边立体花图解）

花样D

系带图解

花样C

（袖片图解）

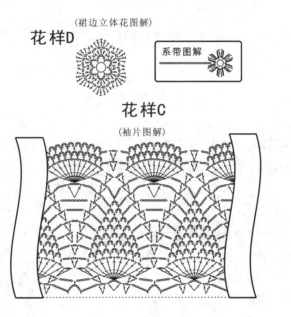

1圈共9组花样a

1组花样a

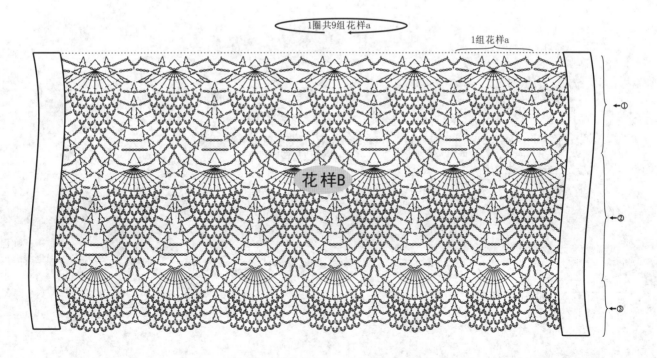

花样B

①

②

③

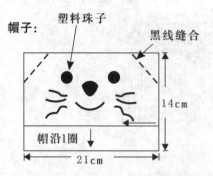

可爱熊猫裙

【成品规格】裙子长49cm，下摆宽50cm，帽高14cm，帽围42cm
【工　　具】2.5mm可乐钩针和5.0mm可乐钩针
【材　　料】白色毛线200g左右，黑色毛线少许，白色和黑色长毛
　　　　　　线少许，黑色珠子4粒

帽子：

塑料珠子

黑线缝合

14cm

帽沿1圈 ↓

21cm

注:鼻子、胡须、嘴巴都用黑色毛线缝成。

【编织要点】

　　此套装是背心裙、帽子和挎包。首先编织帽子，参照图解先钩帽身，再钩帽沿和帽子脸部图案。裙子首先起针向上钩上半身，然后向下钩下半身。挎包参照图解。具体做法参照如下图解。

帽子做法：　对折线　　　　　　帽沿1圈

41 →

1 2 3 4 5

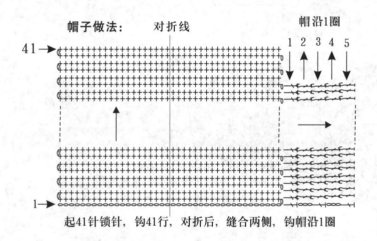

起41针锁针，钩41行，对折后，缝合两侧，钩帽沿1圈

挎包做法：由5.0mm的可乐钩针钩成

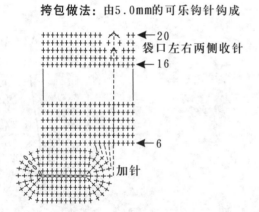

←20
袋口左右两侧收针
←16

←6

加针

裙子的尺寸

7cm 14cm 7cm

10cm

7cm

49cm

50cm

袋：

耳朵2个

眼睛3层，最底黑色，中间白色，最顶是塑料珠子。

黑色

白色细线

带子由锁针钩80cm长

鼻子、嘴巴用毛线缝成

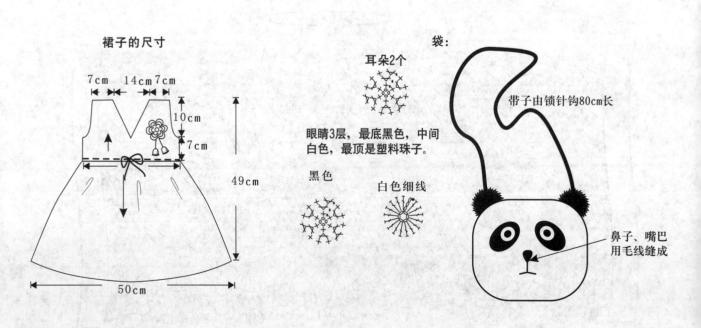

胸前立体花1个

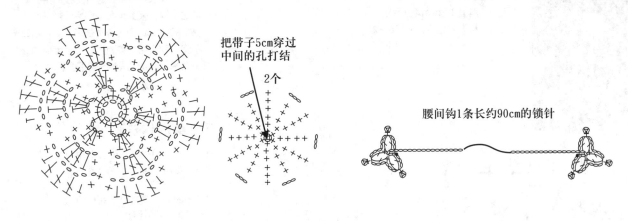

把带子5cm穿过
中间的孔打结

2个

腰间钩1条长约90cm的锁针

裙子的做法：

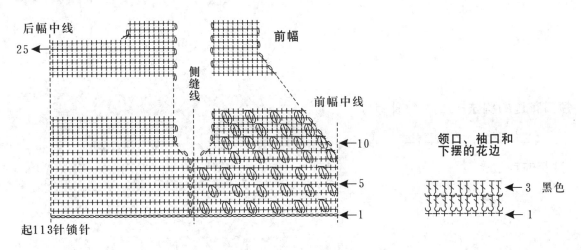

后幅中线

25

前幅

侧缝线

前幅中线

←10

←5

←1

起113针锁针

领口、袖口和
下摆的花边

←3 黑色

←1

下半身图解：每10针1个花样,共钩10个花样

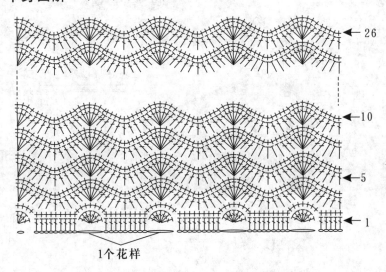

←26

←10

←5

←1

1个花样

129

清凉短袖裙

【成品规格】衣长50cm
【工　　具】2.5mm可乐钩针
【材　　料】绿色毛线120g左右

【编织要点】

　　儿童衣服从领口起针，按照拼花的钩法，钩衣服上半身，然后分袖子和衣身，取中间11个花样延长下半身，袖口不钩，领口花边参照图解，下半身加针见图解。具体做法参照如下图解。

下半身的钩法：

　　拼完花后，前幅、后幅各取中间的11个花样延长到下摆（袖口处不钩），在这11个花样的每个格子里面钩6针短针。

背面

正面

拼花

15cm　16cm　15cm

A　　　B

28cm

下半身

50cm

领口花边的钩法：每格钩5针短针

→2
→1

拼花的钩法：

领口

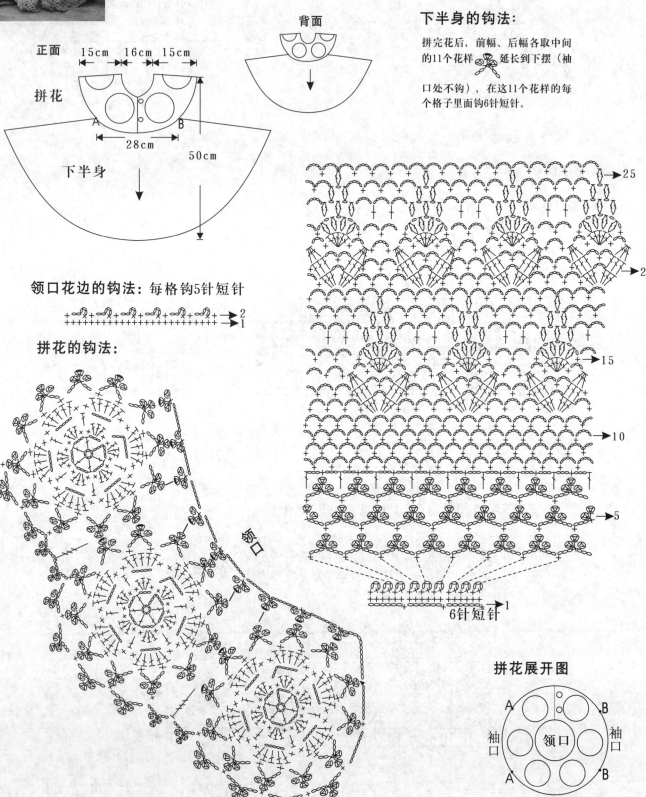

→25

→20

→15

→10

→5

→1

6针短针

拼花展开图

A　　　　B

袖口　领口　袖口

A　　　　B

130

乖巧镂花连衣裙

【成品规格】衣长38cm，下摆宽30cm，帽高18cm
【工　　具】2.5mm可乐钩针
【材　　料】米色毛线150g左右，白色毛线少许

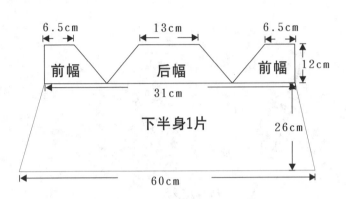

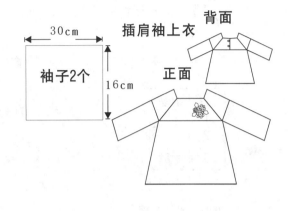

衣服上半身的钩法：

按照这个规律钩到第9行后，在此基础上钩衣服下半身和袖子。

第1行起59针锁针，分割如下：

衣服下半身的钩法：

从上半身的前幅和后幅钩起，每行成圈，共钩10个花样。

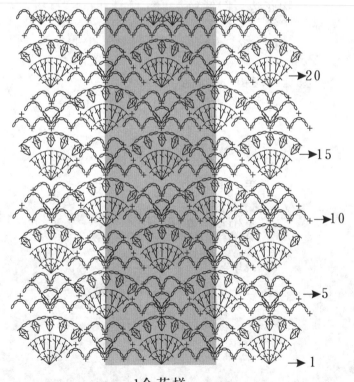

1个花样

衣服袖子的钩法：

从上半身的左右2个接袖子钩起，参照衣服下半身的钩法，每行成圈，每个袖子钩3个花样。

正面装饰花的做法：

3个花从小到中到大的尺寸，花的大小由加减长针数目决定。

3个叶子尺寸相同

131

帽子尺寸

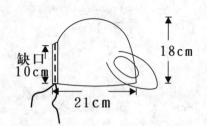

缺口
10cm

18cm

21cm

展示图

（行）	（针数）
1	17
2	34
3	51
4	68
5	85

从第6行到第13行
不加针，留下缺
口。

第14行帽子外围
钩花边，图解如
下：

每5针对应钩一个

帽子的钩法：

缺口

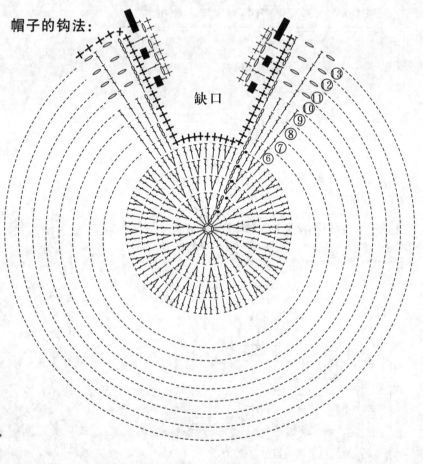

耳朵图解：

第1行长针18针，
第2行每3针加1针，
第3行到第11行结束不加针，
钩完后对折，第11行缩小缝
成耳朵。

→11

2个

→3

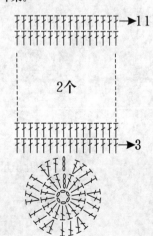

白色贴图解：

钩2个白色贴在耳朵上

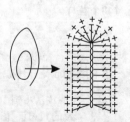

紫色舒适毛衣

【成品规格】衣长38cm，下摆宽45cm，背包高23cm，宽20cm

【工　　具】2.0mm可乐钩针

【材　　料】紫色毛线200g左右，绿色、红色、白色毛线少许

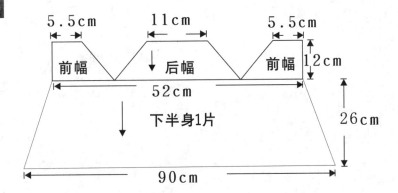

【编织要点】

儿童衣服按照图解的做法，先钩衣服上半身，再从上半身延伸钩下半身和袖子。背包按照图解的做法，从袋底起针，23行花样。接着钩1条锁针作为背带。具体做法参照如下图解。

下半身1片

5.5cm　11cm　5.5cm

前幅　后幅　前幅

12cm

52cm

26cm

90cm

插肩袖上衣

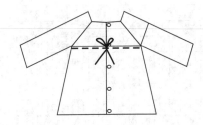

衣服上半身的钩法：

前幅	前幅
接袖子	领口	接袖子
后幅	

按照这个规律钩到第9行后，在此基础上钩衣服下半身和袖子。

第1行起59针锁针，分割如下：

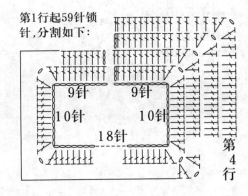

9针　9针

10针　10针

18针

第4行

衣服下半身的钩法：

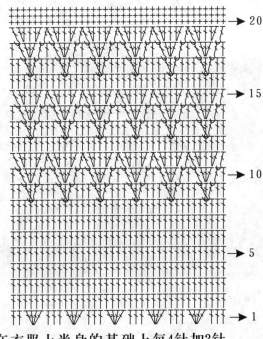

→20

→15

→10

→5

→1

在衣服上半身的基础上每4针加3针

袖子的钩法：

袖子在上半身的基础上钩13行长针

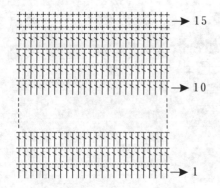

后幅下摆和袋子4个装饰花的做法：

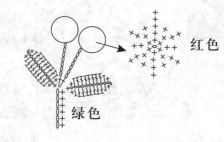

红色

绿色

背包的尺寸：

带子

20cm

23cm

13cm

帽子的钩法：

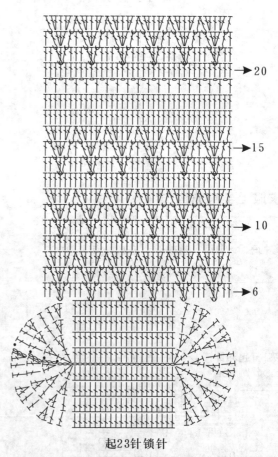

→20

→15

→10

→6

起23针锁针

带子钩1条长度
约125cm的锁针

13cm

粉色荷叶边宝宝衫

【成品规格】衣长42cm，下摆宽30cm，帽高17cm，帽围46cm
【工　　具】2.5mm可乐钩针
【材　　料】粉色毛线250g左右，白色毛线少许，扣子3枚

【编织要点】

　　儿童帽子按照帽子的钩法，钩19行长针花样参照图解，帽子绣花图案参照图样。儿童衣服从领口起针，钩16个等份，具体分法参照图解，领子参照图解，具体做法参照如下图解。

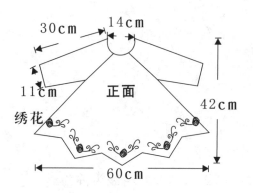

背面

1个花样的做法
共16个等份

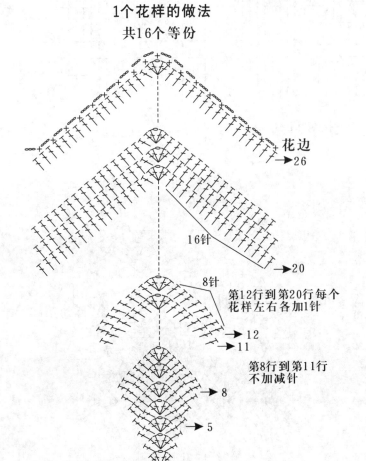

花边
→26

16针

→20

8针

第12行到第20行每个
花样左右各加1针

→12
→11

第8行到第11行
不加减针

→8

→5

16等份的分法：

4等份
背面

4等份袖子　领口　4等份袖子

4等份
正面

按照1个花样的做法，钩到花样的第8行分袖子和衣身，袖子继续不加减针钩到第21行（包括花边1行），衣身钩到第27行（包括花边1行）。

135

衣服起针和背面中线扣眼和领口花边的做法：

在背面中线起针，背面中线开叉到第12行，在第1，6，12行的对应行左边开扣眼，领口连开叉位置钩3行短针。

领子做法：

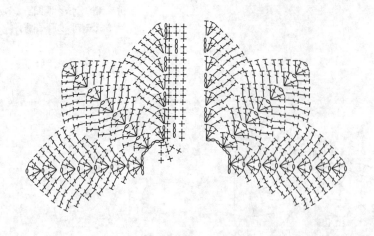

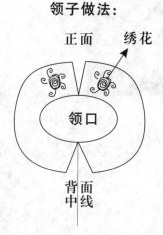

正面　绣花

领口

背面中线

领子分2片，以正面和背面中线为分割线

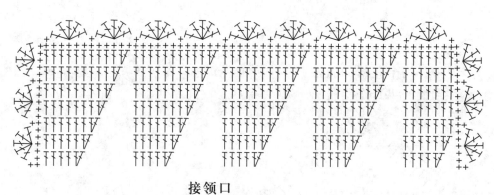

接领口

帽子尺寸

帽沿绣花图案

17cm

30cm

帽子的钩法：

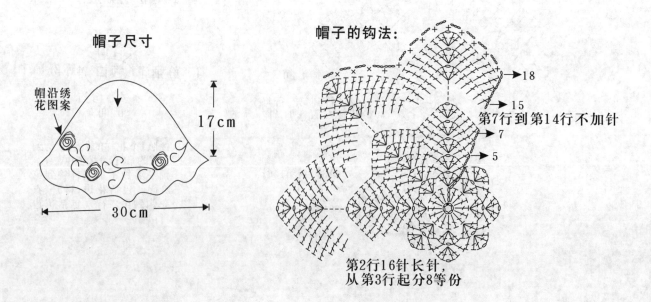

→18

→15

第7行到第14行不加针

→7

→5

第2行16针长针，从第3行起分8等份

136

粉色甜美套裙

【成品规格】衣长51cm，帽高18cm，帽围46cm
【工　　具】2.5mm可乐钩针和5.0mm可乐钩针
【材　　料】粉色毛线150g左右，长毛线150g左右

【编织要点】

　　儿童帽子按照帽子的钩法，先往上钩15行，再向下钩4行长针。儿童衣服先钩衣服上半身，再钩衣服下半身1片，拼好侧缝和肩后钩袖子。最后钩领子，具体做法参照如下图解。

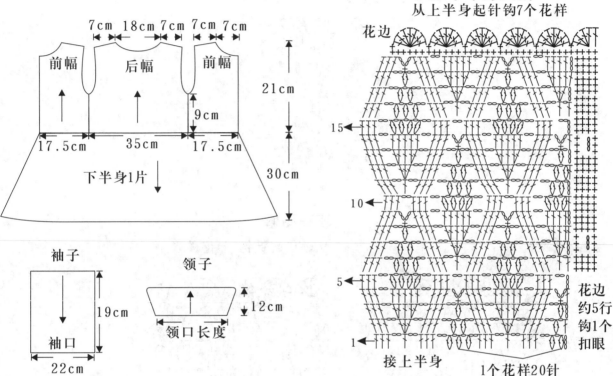

衣服下半身图解
从上半身起针钩7个花样

花边

花边约5行钩1个扣眼

接上半身　　1个花样20针

袖子

19cm
袖口
22cm

领子
12cm
领口长度

7cm 18cm 7cm 7cm 7cm

前幅　　后幅　　前幅

21cm
9cm
30cm

17.5cm　35cm　17.5cm

下半身1片

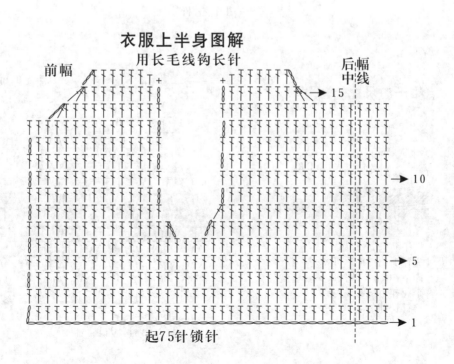

衣服上半身图解
用长毛线钩长针

前幅　　　　　　　　　　　后幅中线

起75针锁针

137

袖子2片图解

从袖口起针钩每片3个花样，头尾相接成圈。

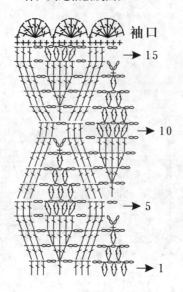

袖口

→ 15

→ 10

→ 5

→ 1

领子图解

从领口起针钩5个花样

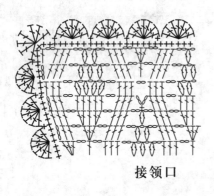

接领口

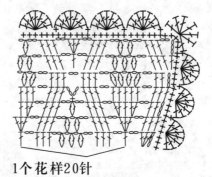

1个花样20针

帽子的尺寸：

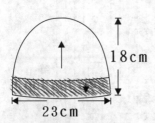

18cm

23cm

帽子共钩5个花样，先往上钩15行，再向下钩4行长针，每个花样用长毛线钩14针长针。

帽子的钩法：

帽顶收成1针

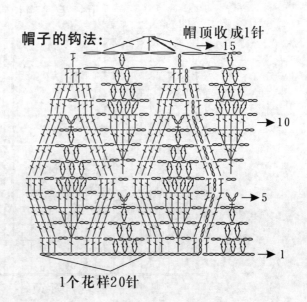

→ 15

→ 10

→ 5

→ 1

1个花样20针

138

五彩连帽衫

【成品规格】衣长31cm，下摆宽34cm，帽高18cm

【工　　具】2.5mm可乐钩针

【材　　料】绿色毛线150g左右，白色、粉色等毛线少许

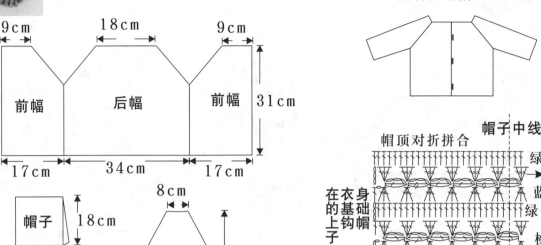

【编织要点】

　儿童衣服参照图解先钩衣身，再钩衣服袖子2个，上完袖后，在衣身的基础上钩衣服帽子，最后钩帽沿连门襟和下摆3行短针，具体做法参照如下图解。

插肩袖连帽上衣

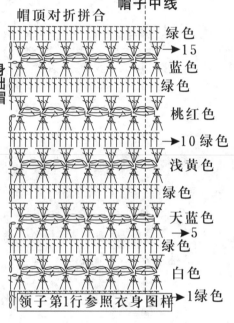

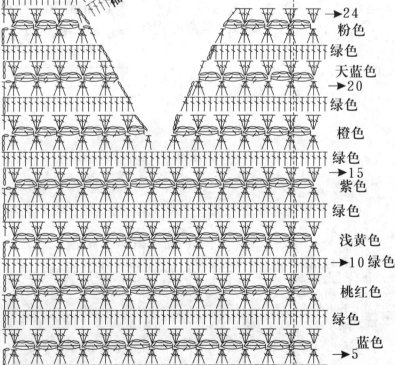

帽子的第1行4个转弯处的做法，4针合成1针

前幅

帽子第1行／袖子最顶行

后幅中线

→24 粉色
绿色
天蓝色
→20
绿色
橙色
绿色
→15
紫色
绿色
浅黄色
→10绿色
桃红色
绿色
蓝色
→5
绿色
粉色
→1绿色

第1行起103针锁针

帽顶对折拼合　　帽子中线

在衣身的基础上钩帽子

绿色 →15
蓝色
绿色
桃红色
→10绿色
浅黄色
绿色
天蓝色
→5
绿色
白色
→1绿色

领子第1行参照衣身图样

袖子的钩法：

袖口钩1行短针 →24

袖上中线　　绿色

→10

→5

→1
袖山高　起13针锁针

温馨宝宝裙

【成品规格】衣长37cm，下摆宽32.5cm，帽高18cm
【工　　具】2.5mm可乐钩针
【材　　料】橙色毛线150g左右，白色毛线少许

【编织要点】

　　儿童衣服参照图解先钩上半身，再钩衣服下半身和袖子2个，上完袖后，钩衣服领子。儿童帽子参照图解先钩长针后钩花样，具体做法参照如下图解。

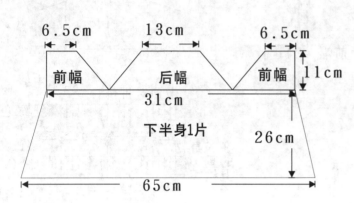

插肩袖上衣

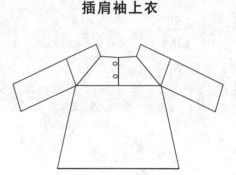

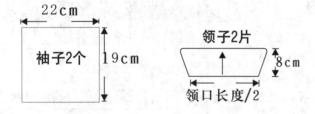

衣服上半身的钩法：

第1行起59针锁针，分割如下：

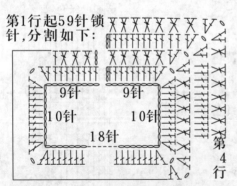

按照这个规律钩到第9行后，在此基础上钩衣服下半身和袖子。

袖子的钩法：

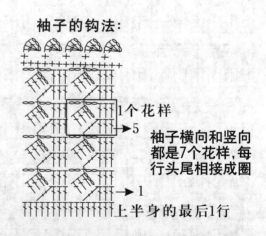

袖子横向和竖向都是7个花样，每行头尾相接成圈

帽子的钩法:

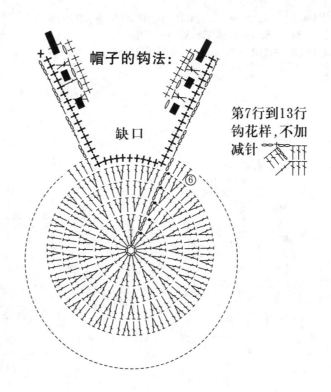

第7行到13行
钩花样,不加
减针

缺口

⑥

帽子尺寸

缺口
10cm

18cm

21cm

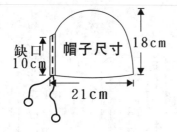

（行）	（针数）
1	17
2	34
3	51
4	68
5	85

从第6行起不加针,
留下缺口。

衣服下半身的钩法:

需22个花样,1个花样的钩法:

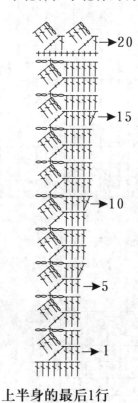

→20

→15

→10

→5

→1

上半身的最后1行

**领子2片
的钩法:**

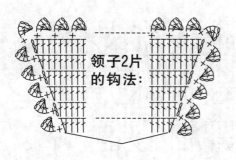

白色钩花长毛衣

【成品规格】衣长45cm，下摆宽35cm，帽高18cm，帽围46cm
【工　　具】2.5mm可乐钩针和3.0mm可乐钩针
【材　　料】白色毛线150g左右，长毛线150g左右，扣子6枚

【编织要点】

　　儿童帽子按照帽子的钩法，往上钩15行，帽沿向下钩5行长针。儿童衣服先钩上半身再钩下半身，最后钩袖子和领子，钉纽扣。具体做法参照如下图解。

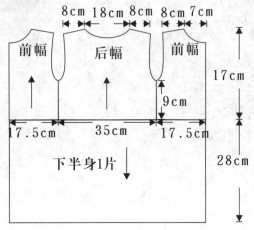

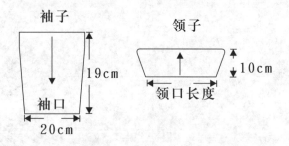

下摆花边和袖口花边图解

衣服上半身图解
用长毛线钩长针

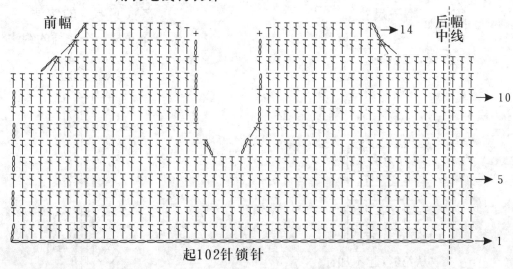

起102针锁针

衣服下半身图解

从上半身起针，第1行每8针加1针长针，所需130针长针，第2行排列12个花样加4针。

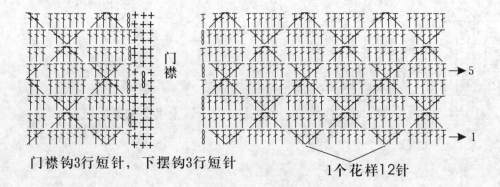

门襟钩3行短针，下摆钩3行短针

1个花样12针

142

袖子的钩法：
从衣身的袖口起针

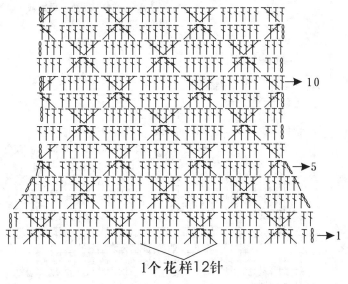

→ 10

→ 5

→ 1

1个花样12针

领子的钩法：

中间4个完整花样，左右各半个
花样，外围每格是4个短针

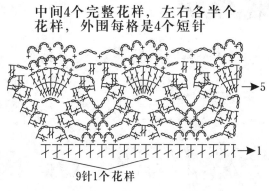

→ 5

→ 1

9针1个花样

帽子的尺寸：

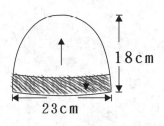

18cm

23cm

帽子共钩7个花样，
先往上钩15行，再
向下钩5行长针

帽子的钩法：

最后1行收成1针

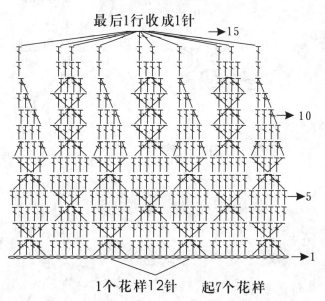

→ 15

→ 10

→ 5

→ 1

1个花样12针　　起7个花样

紫色无袖长裙

【成品规格】衣长49cm，下摆宽50cm，头饰高15cm
【工　　具】2.5mm可乐钩针
【材　　料】紫色毛线150g左右

【编织要点】

儿童衣服参照图解先钩上半身，再钩衣服下半身，领口和袖口花边参照图解，最后绣花在领口。儿童头饰参照图解，具体做法参照如下图解。

上半身的钩法：

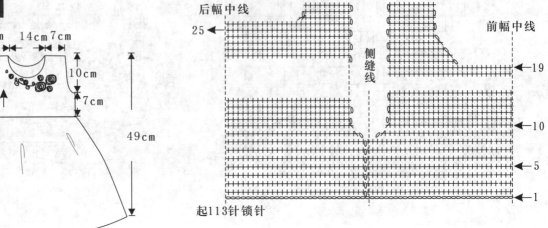

起113针锁针

丝带做的花，其他为绣花

下半身的钩法：

从上半身的前幅和后幅钩起，每行成圈，上半身的14针对应钩1个花样

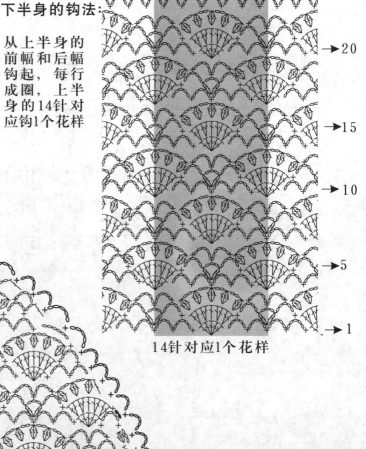

14针对应1个花样

领口和袖口花边图解：

3针对应钩1个花样

头饰的钩法：

高：15cm

起66针锁针，先钩3行短针包住发夹，再从短针的基础上钩花样。

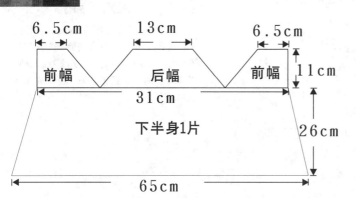

紫色无袖宝宝裙

【成品规格】衣长37cm，下摆宽32.5cm，帽高16cm

【工　　具】3.0mm可乐钩针

【材　　料】紫色毛线150g左右，纽扣6枚

【编织要点】

儿童帽子按照图解的做法，钩13行后钩帽檐，儿童衣服先钩上半身，在上半身的基础上再钩衣服下半身和袖子2个。胸围穿丝带1条。具体做法参照如下图解。

6.5cm　　13cm　　6.5cm

前幅　　后幅　　前幅

11cm

31cm

下半身1片

26cm

65cm

插肩袖上衣

袖子的钩法：

参照上半身平面图，在接袖子处延伸钩2行长针和1行短针。

上半身的钩法：

前幅	前幅
接袖子	领口	接袖子
	后幅	

9针　　9针

10针　　10针

18针

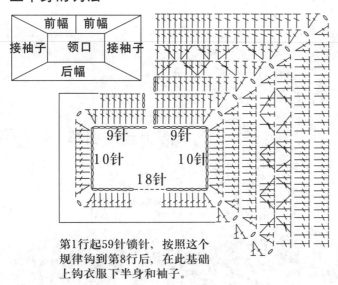

第1行起59针锁针，按照这个规律钩到第8行后，在此基础上钩衣服下半身和袖子。

下半身的钩法：

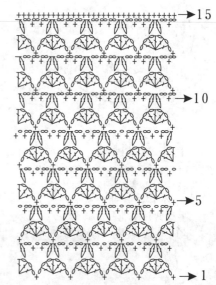

→15

→10

→5

→1

帽子钩法：

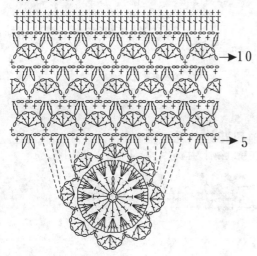

→10

→5

16cm

丝带做的花

纽扣

24cm

中线

1厘米

对折后在中线前进1cm处钩3行短针

锁针钩成2条20cm长度

纽扣X5

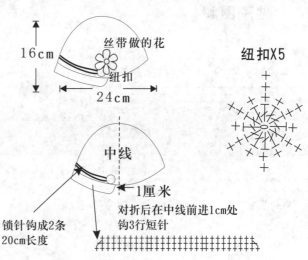

清丽芙蓉裙

【成品规格】衣长44cm，下摆宽64cm，帽高16cm，帽围44cm
【工　　具】2.5mm可乐钩针
【材　　料】绿色毛线250g左右，白色和黄色毛线少许

正面

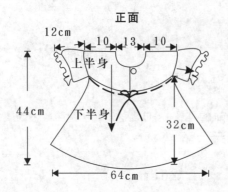

【编织要点】

　　儿童帽子按照帽子的钩法，从帽顶起针，钩17行，加针方法参照图解，在侧面钩2朵花和5片叶子。儿童衣服按照图解，先钩上半身和袖子。具体做法参照如下图解。

上半身展开图

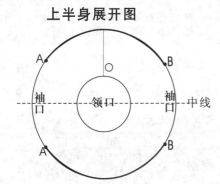

背面

下半身图解

以前幅和后幅上半身中线为中心，取左右2个花样的长度，共4个花样延伸钩下半身，下半身共10个花样，其余左右各2个花样为袖口，延伸钩袖子，共5个花样。

衣服上半身图解

领口起针，共8个花样

1个花样10针

袖子图解

共5个花样

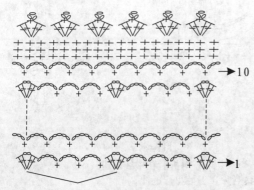

1个花样

领口花边钩法：

在领口锁针对应每针钩1针短针，共钩1行。

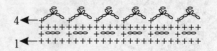

146

帽子尺寸

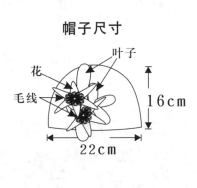

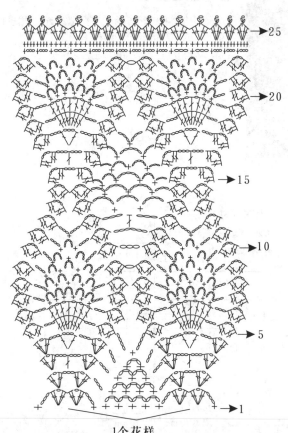

→25

→20

→15

→10

→5

→1

1个花样

 花的钩法：

2朵花，每朵花6个花瓣，用毛线缝起来。

1个花瓣的做法 起14针锁针

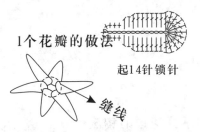

缝线

帽子钩法：

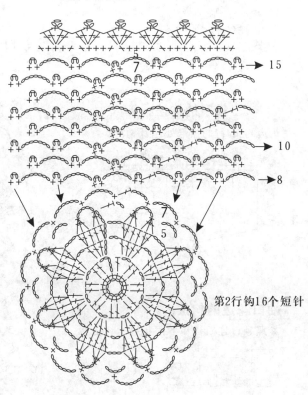

→15

→10

→8

第2行钩16个短针

叶子的钩法：

大叶子2片

小叶子3片

147

粉粉宝贝两件套

【成品规格】衣长24.5cm，下摆宽28cm，裙子长48cm

【工　　具】2.5mm可乐钩针

【材　　料】粉色毛线400g左右，纽扣5枚

【编织要点】

此套装是背心裙和小外套。首先编织小外套，总共由38个单元花和2个半花拼花组成，单元花和半花钩法参照图解，拼花和花边做法参照图解。然后钩背心裙，裙子首先起针向上钩上半身，然后向下钩下半身。具体做法参照如下图解。

上衣尺寸

38个单元花和2个半花

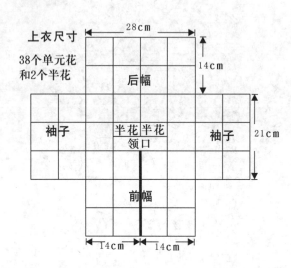

单元花和拼花的钩法：

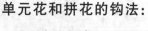

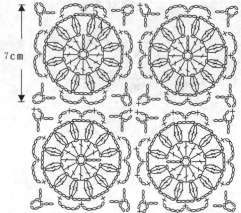

半花的钩法：

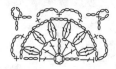

领子的钩法：

在花边的第4行的黑点处起针钩7行

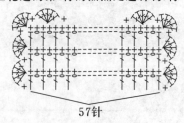

57针

袖口花边的钩法：

参照领口连门襟和下摆花边的钩法

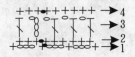

领口连门襟和下摆花边的钩法：

黑点处起针钩领子，到领口左边对称点结束

下摆弯位做法相同

纽门的做法：对应左边的门襟处钉纽扣1个

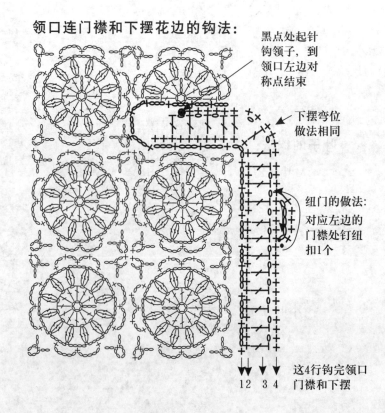

这4行钩完领口门襟和下摆

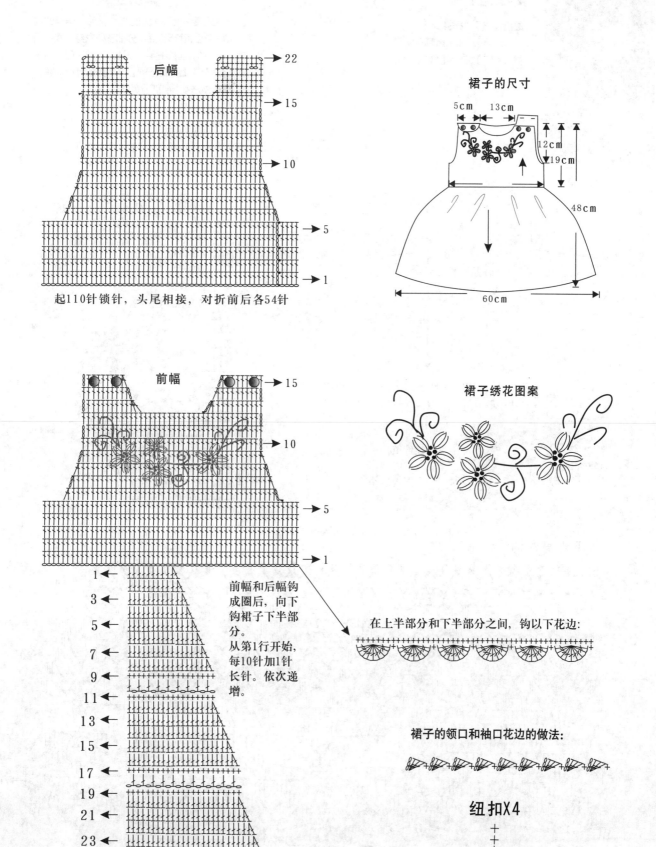

后幅

→ 22

→ 15

→ 10

→ 5

→ 1

起110针锁针，头尾相接，对折前后各54针

裙子的尺寸

5cm　13cm

12cm

19cm

48cm

60cm

前幅

→ 15

→ 10

→ 5

→ 1

裙子绣花图案

1
3 ←
5 ←
7 ←
9 ←
11 ←
13 ←
15 ←
17 ←
19 ←
21 ←
23 ←
25 ←
27 ←

前幅和后幅钩
成圈后，向下
钩裙子下半部
分。
从第1行开始，
每10针加1针
长针。依次递
增。

在上半部分和下半部分之间，钩以下花边：

裙子的领口和袖口花边的做法：

纽扣X4

149

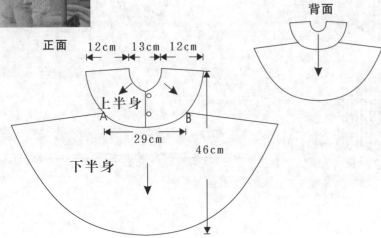

淑女风连衣裙

【成品规格】衣长46cm

【工　　具】2.5mm可乐钩针

【材　　料】白色毛线150g左右

【编织要点】

儿童衣服从领口起针,按照上半身的钩法,钩到第15行后,分袖子和衣身,取中间24个网格延长下半身,袖口不钩,门襟扣眼钩法参照上半身图解,下半身加针见图解。具体做法参照如下图解。

背面

正面

12cm 13cm 12cm

上半身

A　　　　B

29cm

46cm

下半身

图1展开图

A · · B

袖口　领口　袖口

A · · B

钩完图1后,前幅、后幅各取中间的24个网格,中间用5针锁针衔接,钩花样延长到下摆。

5针锁针衔接后幅的网格,

+ →1 袖口不钩

上半身的钩法:

→14

→10

→5

扣眼

→1 起75针锁针

下半身的钩法:

下摆

→25

→20

→15

→10

→6

加针 5

→1 接衣服上半身

150

淡蓝长袖连衣裙

【成品规格】衣长38cm，下摆宽68cm，
　　　　　　帽高16cm，帽围44cm
【工　　具】2.5mm可乐钩针
【材　　料】淡蓝色毛线250g左右

　　儿童帽子按照帽子的钩法，从帽顶
起针，钩18行，加针方法参照图解，在
侧面钩花。儿童衣服按照图解，先钩图1
再钩图2和图3部分图解。在胸围穿丝带，
绑蝴蝶结，在左上胸钩花。具体做法参
照如下图解。

正面

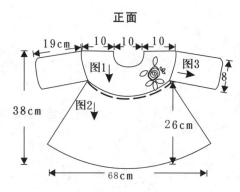

背面

图1背面纽扣位：

钩完图1后，围绕领口和后片纽扣线
钩3行短针，领口钩3行短针，逐行平
均减少4针短针。

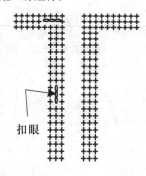

图1展开图

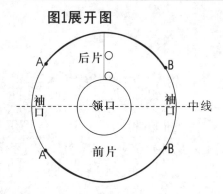

图3为白色袖子的钩法：

参照图1展开图，在A点和A点、
B点和B点之间起针钩袖子，各
10个花样。

袖口

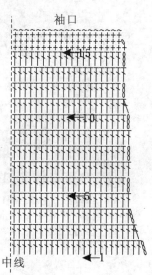

图1的钩法：

5针1个花样

领口起68针锁针

隔3针加1针

151

取粗线部分，钩图2，钩法如下：

参照图1展开图，在A点和B点之间圈钩衣服下半身，共32个花样。

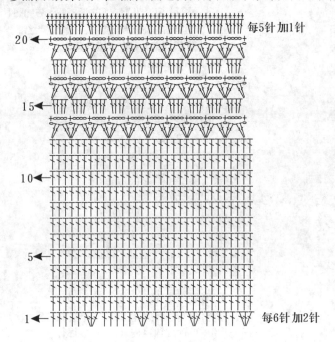

每5针加1针

每6针加2针

胸前花钩法：

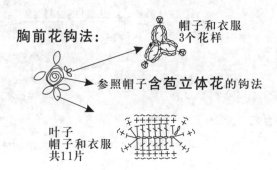

帽子和衣服
3个花样

参照帽子**含苞立体花**的钩法

叶子
帽子和衣服
共11片

帽子尺寸

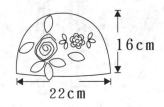

16cm

22cm

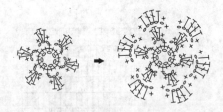2层立体花的钩法：

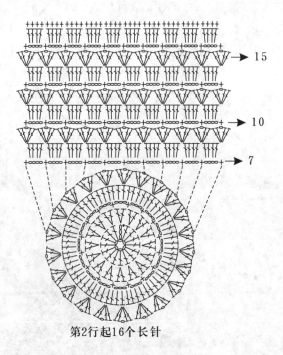

第2行起16个长针

含苞立体花的钩法：

共有25个花瓣，起178针锁针，
每钩5个花瓣加1针长针，钩完
卷成5层旋转花。

鹅黄精致宝宝套装

【成品规格】衣长44cm，下摆宽40cm，帽高17cm，帽围46cm
【工　　具】2.5mm可乐钩针
【材　　料】黄色毛线250g左右，白色、粉红色、蓝色毛线各少许，纽扣3枚

【编织要点】

　　参照结构图，首先钩衣服的上半部分，然后拼侧缝，钩衣服的下半部分。再钩袖子拼袖骨，上袖后钩衣服领子，门襟开扣眼。儿童帽子按照图解从帽顶圆心起针，共钩16行。具体做法参照图解。

正面

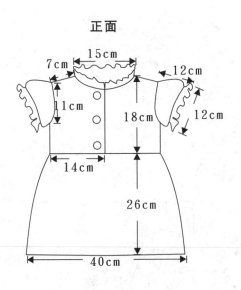

背面

领子图解
袖子图解
上半身图解
下半身图解

领口的图解

和袖口的图解一样，
1针锁针钩3针长针。

泡泡灯笼袖的图解

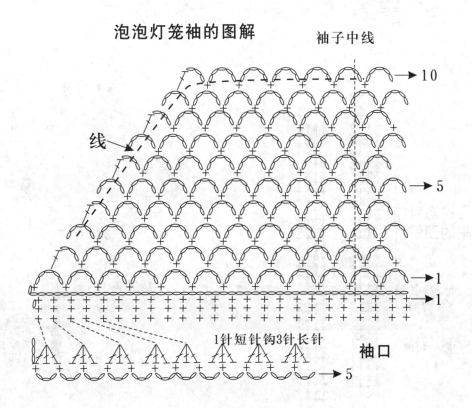

袖子中线

线

1针短针钩3针长针

袖口

衣服下半身图解

下半身从上半身的锁针
开始钩，共需11个花样

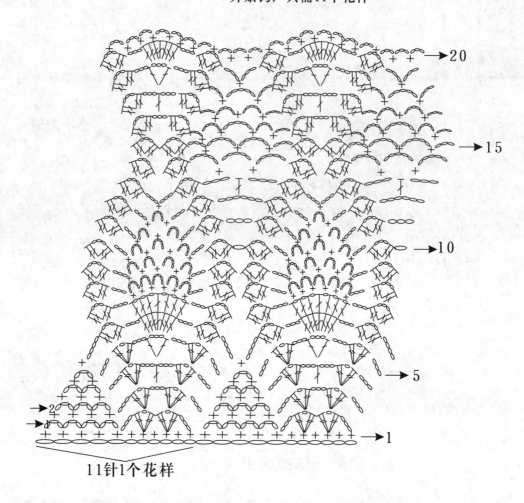

←20

→15

←10

→5

→2

→1

11针1个花样

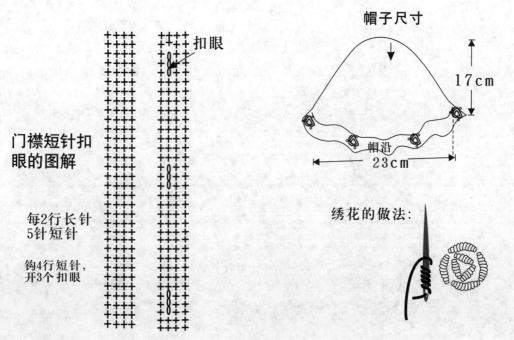

门襟短针扣
眼的图解

扣眼

每2行长针
5针短针

钩4行短针，
开3个扣眼

帽子尺寸

17cm

帽沿

23cm

绣花的做法：

衣服上半身图解

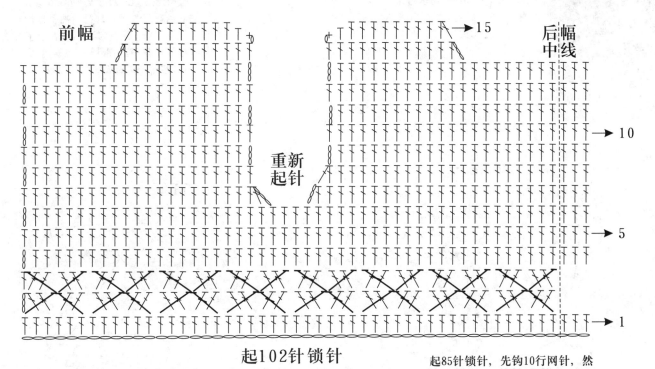

前幅　　　　　　　　　　　　　　　　　　　→15　　　后幅
　　　　　　　　　　　　　　　　　　　　　　　　　　　中线

重新
起针　　　　　　　　　　　　　　　　　　　　　　→10

　　　　　　　　　　　　　　　　　　　　　　　　→5

　　　　　　　　　　　　　　　　　　　　　　　　→1

起102针锁针

起85针锁针，先钩10行网针，然
后拼合第1行和第2行网针，取一
条线，线的长度是前幅和后幅拼
肩后，袖圈的长度，将这条线串
好见图解，上袖子。

**帽子的
钩法：**

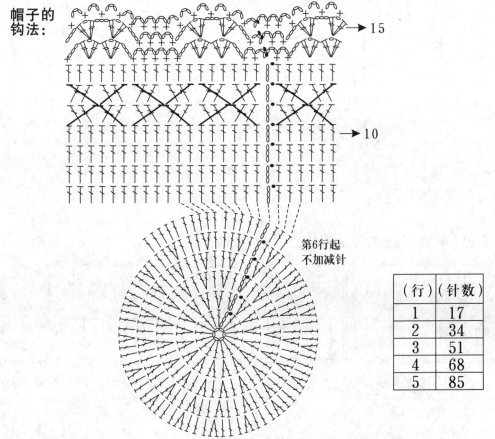

　　　　　　　　　　　　　　→15

　　　　　　　　　　　　　　→10

第6行起
不加减针

（行）	（针数）
1	17
2	34
3	51
4	68
5	85

柔美宝宝对襟衫

【成品规格】衣长38cm，下摆宽40cm，袋高17cm，袋宽23cm
【工　　具】3.0mm可乐钩针
【材　　料】红色毛线200g左右，白色、橙色毛线各少许，扣子
　　　　　　3枚

【编织要点】

儿童衣服从领口起针，共钩10个单元花，在第4行分袖子和衣身，衣身需延长到第16行，袖子延长到第11行，最后钩2行花边。袋子参照图解，钩手带1条、蝴蝶结1个和袋身。具体做法参照如下图解。

正面

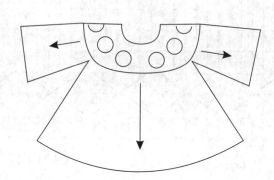

17cm　14cm　14cm　14cm

18cm

38cm

24cm

40cm

背面

在10个单元花往上钩
到领口（逐渐缩小）：

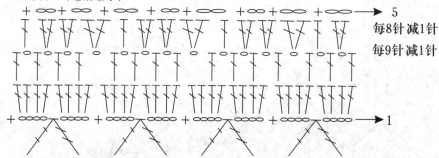

5

每8针减1针

每9针减1针

1

在10个单元花向下钩（逐渐扩大）：

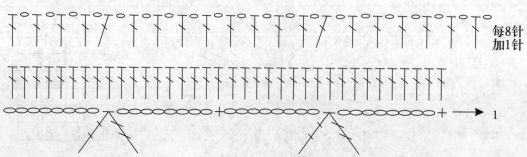

每8针
加1针

1

领口单元花和拼花的做法：

10个单元花，每钩完1个单花与前1个单元花连接，拼完10个花后，往上钩和向下钩。

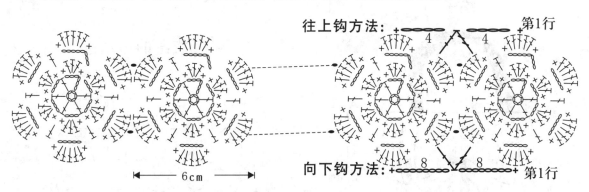

往上钩方法： 4 4 第1行

6cm

向下钩方法： 8 8 第1行

衣身的做法：看分割图前幅和后幅6个单元花向下钩到下摆，下摆6个花样。

袖子的做法：

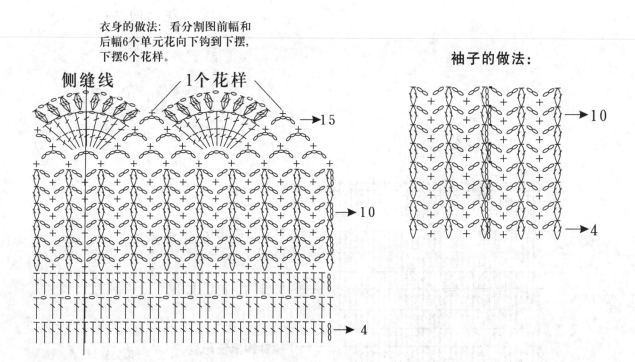

侧缝线　　1个花样

→15
→10
→8
→4

→10
→4

衣服外围、袖口的花边做法：

袋子

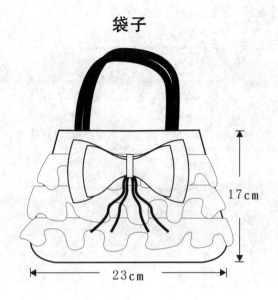

17cm

23cm

袋身的做法：

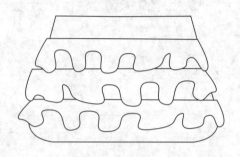

花边做法：

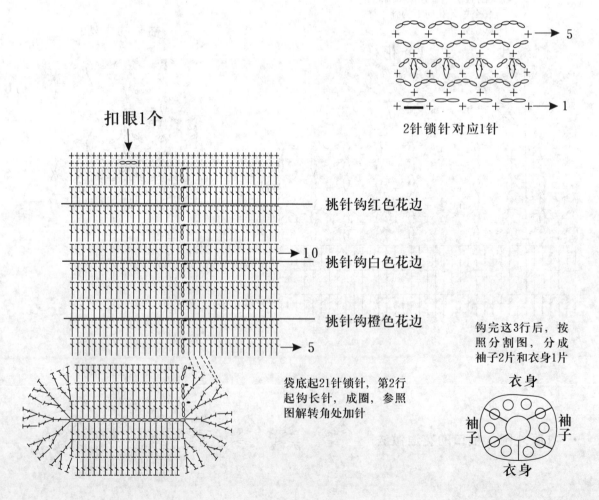

5

1

2针锁针对应1针

扣眼1个

挑针钩红色花边

→10 挑针钩白色花边

挑针钩橙色花边

→5

袋底起21针锁针，第2行
起钩长针，成圈，参照
图解转角处加针

钩完这3行后，按
照分割图，分成
袖子2片和衣身1片

衣身

袖子 袖子

衣身

手带的做法：
共1条带子长度约70cm

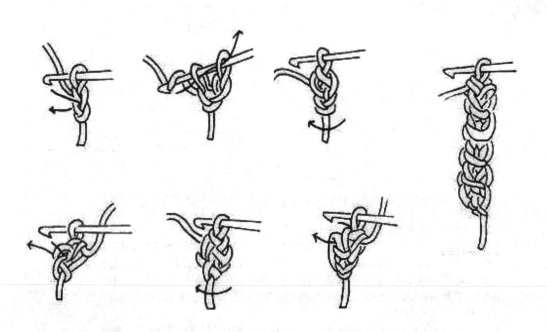

蝴蝶结的做法：

下层红色

上层白色

中线

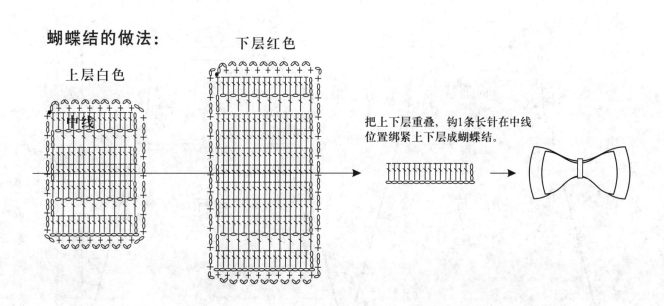

把上下层重叠，钩1条长针在中线
位置绑紧上下层成蝴蝶结。

明艳长款毛衣

【成品规格】裙长39cm，下摆宽37cm，袖长9cm
【工　　具】13号棒针
【编织密度】花样A/B：32.5针×48.5行=10cm²
　　　　　　花样C：44针×48.5行=10cm²
【材　　料】红色棉线400g

符号说明：
　　⊟　　　上针
　　□=⊡　　下针
　　Ⓐ　　　中上3针并1针
　　⊙　　　镂空针
　2-1-3　　行-针-次

前片/后片制作说明

1. 棒针编织法，裙身分为前片和后片分别编织而成。

2. 起织后片，下针起针法，起121针，起织花样A，织10行后，从第11行起改织花样B，一边织一边两侧减针，方法为14-1-8，织至126行，从第127行起改织花样C，不另减针织至136行，从第137行起左右两侧同时减针织成袖隆，方法为1-4-1、2-1-5，织至186行，织片中间留取49针不织，两侧减针织成后领，方法为2-1-2，织至189行，两肩部各余下17针，收针断线。

3. 起织前片，前片的编织方法与后片相同，织至176行，织片中间留取25针不织，两侧减针织成前领，方法为2-2-7，织至189行，两肩部各余下17针，收针断线。

4. 前片与后片的两侧缝对应缝合，两肩部对应缝合。

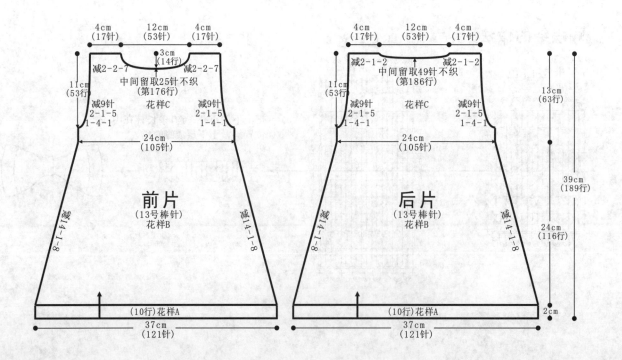

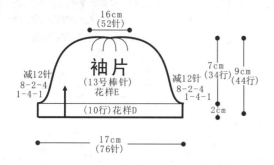

袖片

16cm
(52针)

袖片
(13号棒针)
花样E

减12针
8-2-4
1-4-1

减12针
8-2-4
1-4-1

(10行)花样D

17cm
(76针)

7cm
(34行)

9cm
(44行)

2cm

领片
(13号棒针)

2cm
(4行)
花样E

2.5cm
(12行)
花样D

2.5cm
(13行)
双层花样E

袖片制作说明

1. 棒针编织法，编织两片袖片。袖口起织。
2. 双罗纹针起针法，起76针，起织花样D，织10行后，改织花样E，一边织一边两侧减针，方法为1-4-1、8-2-4，织至44行，织片余下52针，收针断线。
3. 用同样的方法再编织另一袖片。
4. 将袖山对应前片与后片的袖窿线，用线缝合，注意袖顶制作褶皱，形成灯笼袖效果。

领片制作说明

1. 棒针编织法，环形编织完成。
2. 挑织衣领，沿前后领口挑起108针，编织花样E，织6行后，第7行织上针，然后再织6行下针，向内与起针缝合成双层机织领，断线。
3. 沿双层领口边缘挑针起织，挑起108针织花样D，织12行后，改织花样E，织4行，下针收针法，收针断线。

花样B

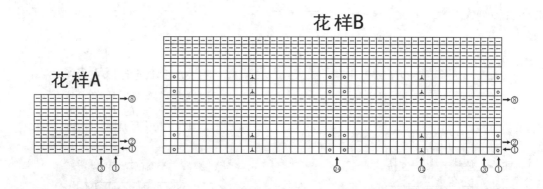

花样A

花样C

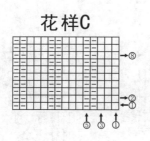

花样D

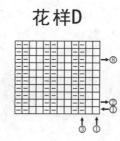

花样E

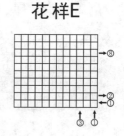

超可爱卡通三件套

【成品规格】衣长33cm，下摆宽30cm，围巾长80cm，
　　　　　围巾宽13cm，帽高17cm，帽围46cm
【工　　具】2.5mm可乐钩针
【材　　料】黄色毛线200g左右，白色毛线少许，黑色
　　　　　珠子2个

【编织要点】

　　儿童衣服参照图解，先钩衣身前幅
2片和后幅1片，拼肩后，接着钩袖子
2片，再钩领子1片，最后钉扣子。围巾
参照图解钩80行，再钩狐狸头部，最后
把头部缝在围巾的一端。帽子参照图
解，帽沿针法参照图解。具体做法参照
如下图解。

衣服尺寸

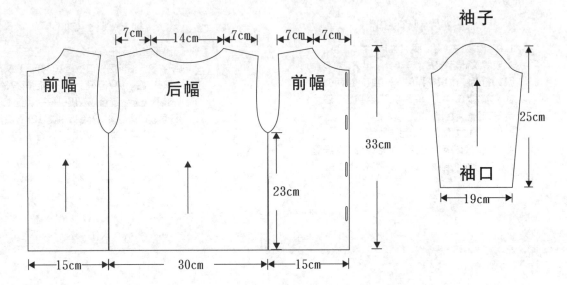

领子1片的钩法：

先钩1行短针，从第2行开始
钩长针，钩的时候分散增加
4针，钩完后是58针长针。

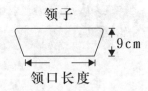

拼肩后，从衣身袖口处
开始钩，起42针锁针成
圈，袖口钩1行短针。

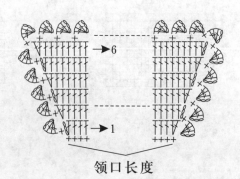

领口长度

162

衣服图解

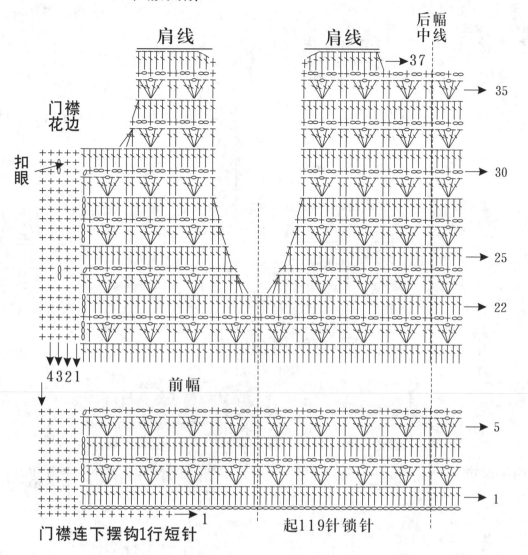

门襟
花边

扣眼

肩线　　　　　肩线　　　后幅中线

→37

→35

→30

→25

→22

4 3 2 1

前幅

→5

→1

门襟连下摆钩1行短针　　　起119针锁针

帽沿枣针的做法：

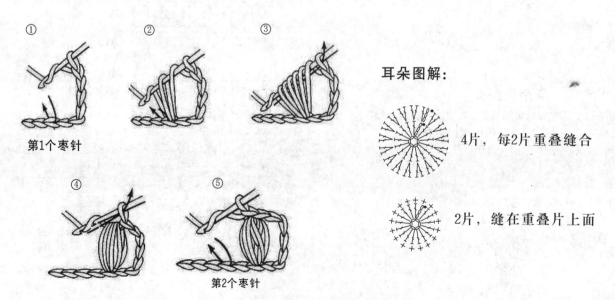

① 第1个枣针

②

③

④

⑤ 第2个枣针

耳朵图解：

4片，每2片重叠缝合

2片，缝在重叠片上面

围巾的尺寸：

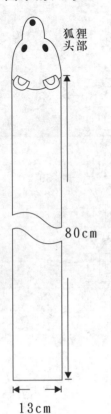

狐狸头部

80cm

13cm

围巾的钩法：

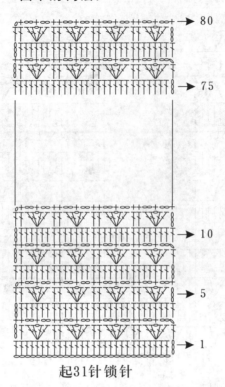

→ 80

→ 75

→ 10

→ 5

→ 1

起31针锁针

头部的钩法：

按照这个规律，每圈三分之一增加1针

（行）	（针数）
1	6
2	12
3	15
4	18
5	21
6	24
7	27
8	30
9	33
10	36
11~20	39
21	36
22~24	33

帽子尺寸

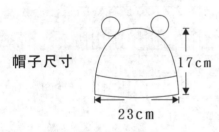

17cm

23cm

围巾狐狸头部的钩法：

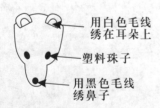

用白色毛线绣在耳朵上

塑料珠子

用黑色毛线绣鼻子

耳朵的钩法：

在钩第20行时，在中线左右钩2个耳朵，两耳朵中间间隔6针短针，1个耳朵10针长针。

中线

帽子的钩法：

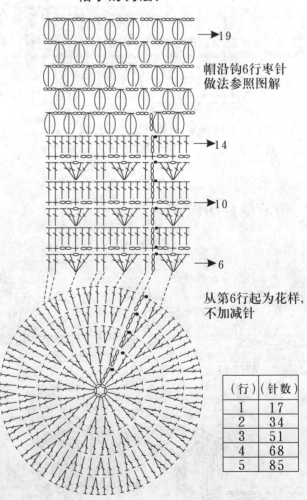

→19

帽沿钩6行枣针做法参照图解

→14

→10

→6

从第6行起为花样，不加减针

（行）	（针数）
1	17
2	34
3	51
4	68
5	85

风采对襟毛衣

【成品规格】衣长22cm，下摆宽26cm，袖长25cm
【工　　具】11号棒针
【编织密度】24.5针×29行=10cm²
【材　　料】粉红色棉线共300g，扣子2枚

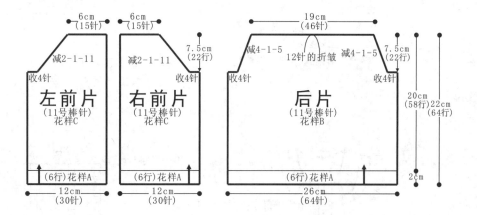

左前片
（11号棒针）
花样C
6cm（15针）
减2-1-11
收4针
（6行）花样A
12cm（30针）

右前片
（11号棒针）
花样C
6cm（15针）
减2-1-11
收4针
7.5cm（22行）
（6行）花样A
12cm（30针）

后片
（11号棒针）
花样B
19cm（46针）
减4-1-5　12针的折皱　减4-1-5
收4针　　　　　　收4针
7.5cm（22行）
20cm（58行）
22cm（64行）
2cm
（6行）花样A
26cm（64针）

符号说明：

⊟	上针
□=①	下针
符号	右上2针与左下2针交叉
符号	右上2针与左下1针交叉
符号	左上2针与右下1针交叉
符号	下针的滑针
符号	5针2行的结编织
2-1-3	行-针-次
+	短针
↑	长针

前片/后片制作说明

1. 棒针编织法，从下往上织，衣身分为左前片、右前片和后片分别编织，完成后缝合而成。

2. 起织后片，单罗纹针起针法起64针，织花样A，织6行后，改织花样B，不加减针织至42行，两侧各收4针，然后减针织成插肩袖窿，减针方法为4-1-5，织至64行，织片余下46针，收针断线。

3. 起织左前片，单罗纹针起针法起30针，织花样A，织6行后，改织花样C，不加减针织至42行，两侧各收4针，然后减针织成插肩袖窿，减针方法为2-1-11，织至64行，织片余下15针，收针断线。

4. 用同样的方法相反方向编织右前片，完成后将左右前片侧缝对应后片缝合。

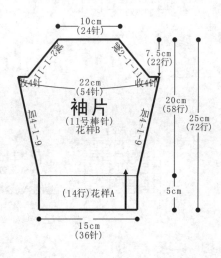

袖片
（11号棒针）
花样B
10cm（24针）
减2-1-11
收4针　　收4针
22cm（54针）
加4-1-9
7.5cm（22行）
20cm（58行）
25cm（72行）
（14行）花样A
15cm（36针）
5cm

袖片制作说明

1. 棒针编织法，编织2片袖片，从下往上织，完成后与前后片缝合而成。

2. 起织，单罗纹针起针法起36针，织花样A，织14行后，改织花样B，两侧开始加针，方法为4-1-9，织至50行，两侧各收4针，然后减针织成插肩袖，减针方法为2-1-11，织至72行，织片余下24针，收针断线。

3. 用同样的方法编织另一袖片，完成后将袖片插肩缝对应左右前片及后片的插肩缝缝合。袖底缝合。

领片制作说明

1. 棒针编织法，单独编织。
2. 起15针织花样D，织148行后，收针断线，将一侧与衣身领口缝合。
3. 沿领片另一侧挑针起织大翻领，挑起125针织花样E，不加减针织24行后，单罗纹针收针法收针断线。

花样A

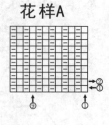

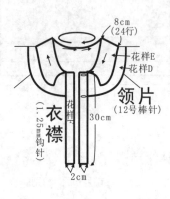

花样B

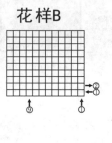

花样C

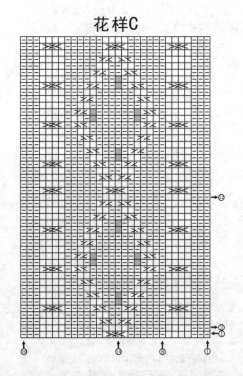

花样D

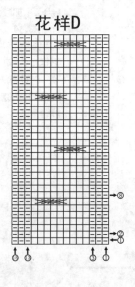

花样E

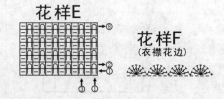

花样F
（衣襟花边）

166

活力格子花坎肩

【成品规格】衣长32.5cm，下摆宽35cm，帽子高18cm
【工　　具】2.0mm可乐钩针
【材　　料】黄色毛线100g左右，浅黄色、红色、白色毛线
　　　　　　 少许，扣子3枚

【编织要点】

　儿童马甲，需要单元花80个，半花1需4个，半花2需2个，按照拼花方法拼接马甲，最后钩衣服外围花边和袖口花边。儿童帽子按照帽子的钩法，从帽顶起针钩6行，加针方法参照图解，再钩2行拼花。具体做法参照如下图解。

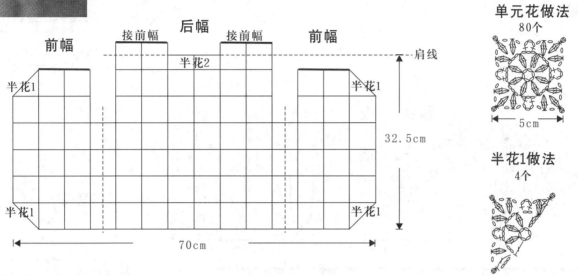

前幅　　接前幅　　后幅　　接前幅　　前幅
半花2
肩线
半花1　　　　　　　　　　　　　　　　　半花1
32.5cm
半花1　　　　　　　　　　　　　　　　　半花1
70cm

单元花做法
80个
5cm

半花1做法
4个

拼花的做法

半花2做法
2个

衣服外围
花边的做法

4 3 2 1

袖口花边
的做法

帽子的钩法：

缺口

⑥第6行长针
不加减针

第7行起，
拼2行单元花
每行6个拼花

帽子尺寸

帽顶
缺口　12个单元花　18cm
10cm
21cm

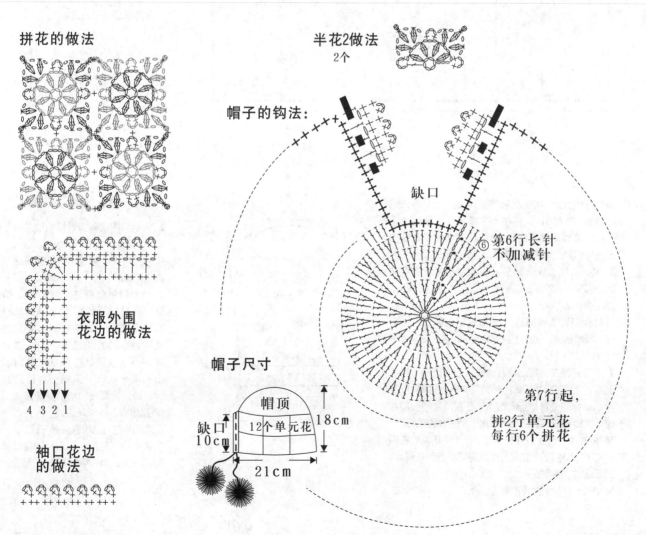

167

亮丽红色无领外套、亮丽红色长款大衣

【成品规格】翻领上衣衣长57cm，下摆宽34cm，袖长32cm；无
　　　　　　领上衣衣长45cm，下摆宽36cm，袖长32cm
【工　　具】1.75mm钩针，10号棒针
【编织密度】24.5针×29行=10cm²
【材　　料】宝宝绒线共600g，红色共550g，绿色50g，翻领
　　　　　　上衣用250g，无领上衣用200g

1. 钩针编织法，用大红色线钩织衣身，用绿色线钩织衣边。由前片、后片与下摆片组成。
2. 开始编织，先编织前片与后片，前片与后片是作一片起钩的，起108针锁针，或者是58cm长度的锁针辫子，起钩长针行，第1行由108针长针组成，返回再钩织第2行。然后将针数分片。分成左前片、右前片与后片编织，左前片与右前片的针数各为26针，后片的长针针数为56针。先钩织右前片，从第3行起，左侧的袖窿减针，每行减1针共减5针，而右

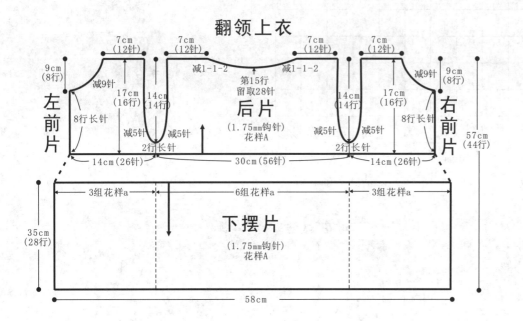

符号说明：

2-1-3	行-针-次
+	短针
⌐	长针
∞	锁针

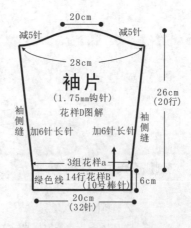

侧钩成8行后，再减针钩成前衣领边。减针方法见花样A，共减9针，将前片钩成16行，最后余下12针，断线，隐藏线头。而左前片的钩织方法与右前片相同，只是方向不同。
3. 钩织后片，从第3行起，两边同时减针钩织袖窿，减5针，然后不加减针钩长针行，钩成14行，然后中间留取28针不编织，两边相反方向减针，每1行减1针，各减2针，最后肩部余下12针，断线，隐藏线头。完成上身片的编织。进入下一步下摆片的编织。
4. 下摆片是在完成上身片的编织后进行的，沿着上身片的下摆边，挑针起钩花样A中的第1行花样，挑针的位置适当紧密点，在左前片与右前片时，挑针钩成3组花样a的宽度，而后片钩成6组花样a的宽度，分配好花样组后，往下不加减针钩织花样A中的第2行起的花样，共钩成28行的花样a。然后断线，隐藏线头。
5. 前片与后片的两肩部对应缝合。

1. 钩针编织法与棒针编织法结合，编织两片袖片。袖口用棒针编织法，用绿色线编织；袖身用钩针编织法，用红色线编织。
2. 单罗纹针起针法，起32针，编织14行花样B单罗纹，然后从第15行起改钩织花样a，起钩共3组，然后袖侧缝有加针，加针方法见花样D，加针行共14行，从第15行起，减针钩织袖山，减至20行，完成一片袖片的钩织，最后沿着袖口与袖身连接处，用绿色线钩织花样C花边。
3. 用同样的方法再编织另一袖片。
4. 将袖山对应前片与后片的袖窿线，用线缝合，再将两袖侧缝对应缝合。

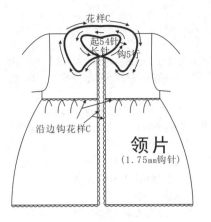

花样C

起54针
长针 钩5行

沿边钩花样C

领片
(1.75mm钩针)

领片制作说明

1. 钩针编织法，往返编织。全用红色线编织。

2. 沿着前后片缝合后，形成的衣领边，挑针钩织长针行，共挑54行，然后往返钩织，无加减针，共钩织5行的长针，完成衣领的钩织。

3. 沿着衣领边、衣襟边和下摆边，用绿色线挑针钩织花样C花边。在上身片与下摆片的连接处，也用绿色线钩织花样C花边。

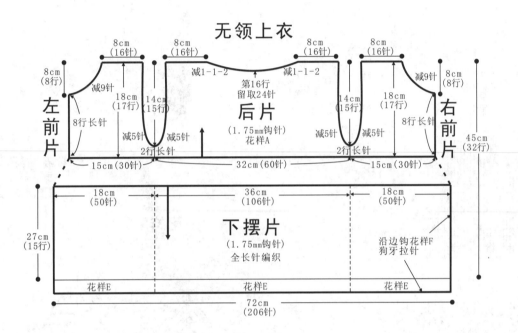

无领上衣

8cm (16针)　8cm (16针)　8cm (16针)　8cm (16针)

8cm (8行)

减9针　减1-1-2　减1-1-2　减9针　8cm (8行)

第16行留取24针

18cm (17行)　14cm (15行)　后片 (1.75mm钩针) 花样A　14cm (15行)　18cm (17行)

左前片　8行长针　减5针　减5针　减5针　减5针　8行长针　右前片

2行长针　2行长针　45cm (32行)

15cm (30针)　32cm (60针)　15cm (30针)

18cm (50针)　36cm (106针)　18cm (50针)

27cm (15行)

下摆片
(1.75mm钩针)
全长针编织

沿边钩花样F
狗牙拉针

花样E　花样E　花样E

72cm (206针)

前片/后片制作说明

1. 钩针编织法，用大红色钩织衣身，用绿色线钩织花边。由前片、后片与下摆片组成。钩法基本与有领衣服钩法相同。

2. 开始编织，先编织前片与后片，前片与后片是作一片起钩的，起120针锁针，或者是62cm长度的锁针辫子，起钩长针行，第1行由120针长针组成，返回再钩织第2行。然后将针数分片，分成左前片、右前片与后片编织，左前片与右前片的针数各为30针，后片的长针针数为60针。先钩织右前片，从第3行起，左侧的袖窿减针，每行减1针共减5针，而右侧成8行后，再减钩针成前衣领边。减针方法见花样A，共减9针，将前片钩成17行，最后余下16针，断线，隐藏线头。而左前片的钩织方法与右前片相同，只是方向不同。

3. 钩织后片，从第3行起，两边同时减针钩织袖窿，减5针，然后不加减针钩长针行，钩成15行，然后中间留取24针不编织，两边相反方向减针，每1行减1针，各减2针，最后肩部余下16针，断线，隐藏线头。完成上身片的编织。进入下一步下摆片的编织。

4. 下摆片是在完成上身片的编织后进行的，沿着上身片的下摆边，挑针起钩长针花样，挑针的位置适当紧密点，在左前片与右前片时，挑针钩成50针长针的宽度，而后片钩成106针长针的宽度，分配好针数后，往下不加减针钩织长针，共钩成15行的长针花样。第16行改钩织花样E花样，共两层。

5. 前片与后片的两肩部对应缝合。

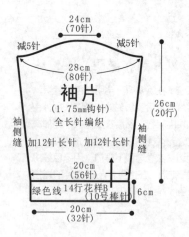

袖片制作说明

1. 钩针编织法与棒针编织法结合，编织两片袖片。袖口用棒针编织法，用绿色线编织；袖身用钩针编织法，用红色线编织。

2. 单罗纹针起针法，起32针，编织14行花样B单罗纹，然后从第15行起改钩织长针花样，起钩56针，然后袖侧缝有加针，两边各加12针，加针行共14行，从第15行起，减针钩织袖山，减至20行，完成一片袖片的钩织，最后沿着袖口与袖身连接处，用绿色线钩织花样C花边。

3. 用同样的方法再编织另一袖片。

4. 将袖山对应前片与后片的袖隆线，用线缝合，再将两袖侧缝对应缝合。

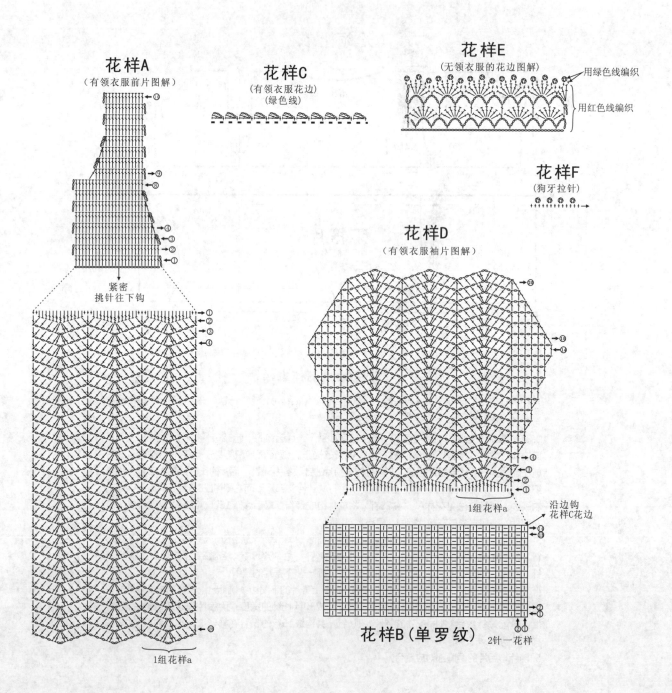

花样A
（有领衣服前片图解）

花样C
（有领衣服花边）
（绿色线）

花样E
（无领衣服的花边图解）
用绿色线编织
用红色线编织

花样F
（狗牙拉针）

花样D
（有领衣服袖片图解）

紧密挑针往下钩

1组花样a

沿边钩花样C花边

花样B（单罗纹）
2针一花样

蓝色魅力连衣裙

【成品规格】衣长50cm
【工　具】2.5mm可乐钩针
【材　料】蓝色毛线200g左右，扣子2枚

【编织要点】

　　儿童衣服先钩衣服上半身10行花样，分袖口2个和前幅后幅，再钩衣服下半身28行，钩前幅门襟开扣眼，具体做法参照如下图解。

衣服下半身图解

在上半身的基础上钩衣服下半身

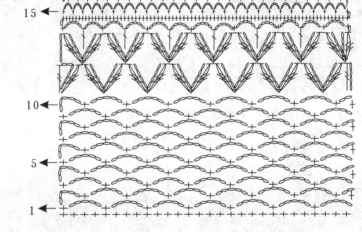

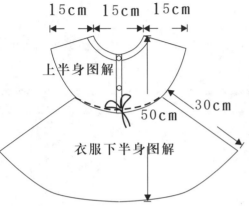

15cm　15cm　15cm

上半身图解

衣服下半身图解

30cm

50cm

上半身展开图

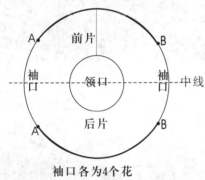

袖口各为4个花

衣服上半身图解

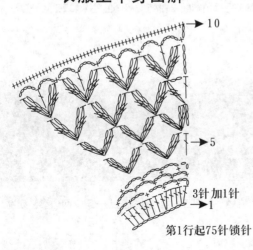

3针加1针

第1行起75针锁针

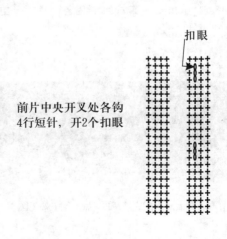

扣眼

前片中央开叉处各钩
4行短针，开2个扣眼

大气天鹅羽披肩

【成品规格】披肩长37cm，下摆宽45cm
【工　　具】小钉板，粗钉板
【材　　料】白色腈纶线200g

符号说明：

⊟　　上针
⊡　　下针
↑　　编织方向

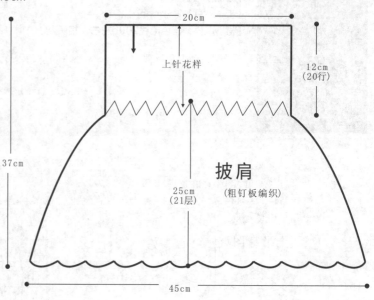

披肩制作说明

1. 钉板编织法，这是一种将线绕于钉板上，再用钩针连接固定毛线的编织方法。

2. 起针，起针是将线绕于钉板上，一圈大约120针，每组10针，一共12组，每组之间将线的距离拉长，形成间隔。先编织出上针花样，共20行的高度。这部分用两行钉之间间隔距离比较小的钉板进行编织。下一步改用距离较大的钉板编织，将粗线如"之"字形缠绕上钉子上，线段之间用钩针钩织锁针连接，一条粗线代表一层，共编织21层粗线段。完成后，将钩织锁针的最后一针打结断线，披肩完成。

3. 袖片的编织。

4. 领片的编织。

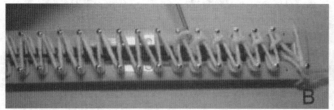

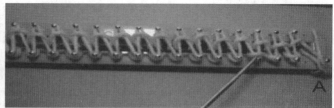

用0/3或0/5钩针把下层的线挑到上一层，依序每一支钉子都要挑。

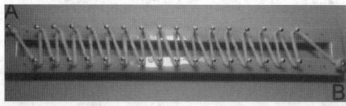

先取出毛线预留约100cm长，在钉板的A端固定（打结），由A端（像图中的绕法）绕到B端固定。

取一段不同颜色的线，由A到B整个圈住（如下图）打结。

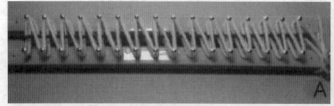

把B的结打开，再沿着上一层的绕法绕回A点固定（如下图）。

依序重复再绕线，再把下一层的线挑到上一层，两边都必须挑。

白色绣花小披肩

【成品规格】见图
【工　　具】10号棒针或环形针，3mm钩针
【编织密度】21针×40行=10cm²
【材　　料】白色圆棉250g，花卡1个

【编织要点】

1. 起2针，织全平针，每2行两侧加1针，加至22针；再平织8行。

2. 织一行单罗纹针，用两根针分别把上针和下针各穿一根针上；分开各织单罗纹14行。

3. 合并两片，每1针放3针，共66针，不加不减织至46cm。

4. 每3针并1针，重复步骤2、1，此时将步骤1中加针改为收针。

5. 钩花边，完成。

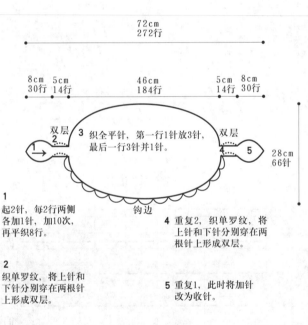

1
起2针，每2行两侧各加1针，加10次，再平织8行。

2
织单罗纹，将上针和下针分别穿在两根针上形成双层。

4 重复2，织单罗纹，将上针和下针分别穿在两根针上形成双层。

5 重复1，此时将加针改为收针。

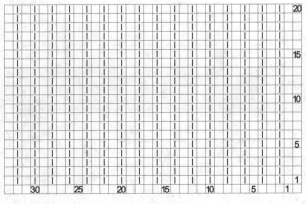

□=|=| 　单罗纹花样

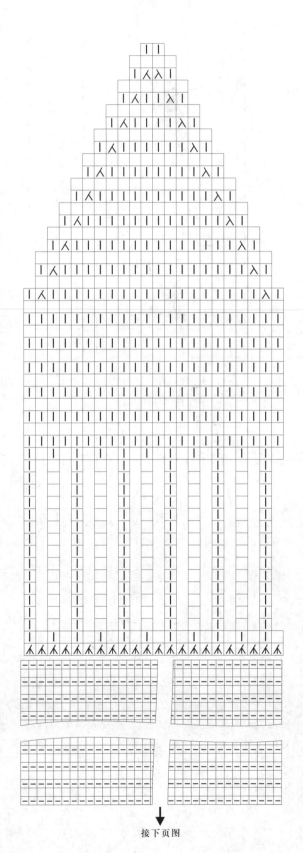

接下页图

173

接上页图

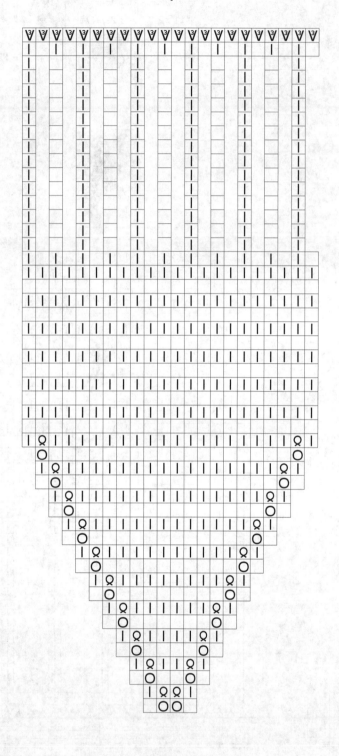

全平针花样

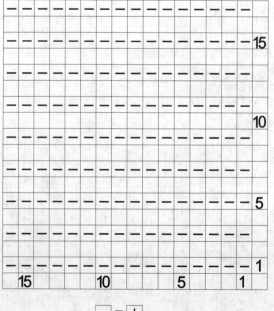

□ = I

174

紫色沉静小披肩

【成品规格】下摆宽24cm，袖长2cm
【工　　具】1.75mm钩针，10号棒针
【材　　料】紫色小上衣用50g，裙子40g

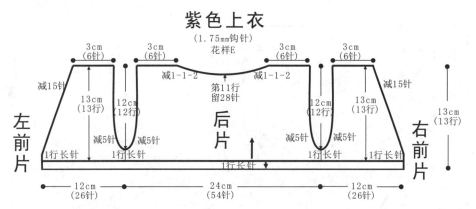

紫色上衣
(1.75mm钩针)
花样E

左前片　右前片　后片

3cm(6针)　3cm(6针)　3cm(6针)　3cm(6针)

减15针　减15针

减1-1-2　减1-1-2

第11行留28针

13cm(13行)　12cm(12行)　12cm(12行)　13cm(13行)　13cm(13行)

减5针　减5针　减5针　减5针

1行长针

12cm(26针)　24cm(54针)　12cm(26针)

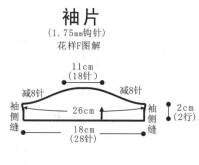

袖片
(1.75mm钩针)
花样F图解

11cm(18针)

减8针　减8针

袖侧缝　26cm　袖侧缝

18cm(28针)

13cm(13行)

2cm(2行)

前片/后片制作说明

1. 钩针编织法，用紫色钩织衣身。由前片与后片、袖片组成。

2. 开始编织，先编织前片与后片，前片与后片是作一片起钩的，起106针锁针，或者是48cm长度的锁针辫子，起钩长针行，第1行由106针长针组成，返回再钩织第2行。然后将针数分片，分成左前片、右前片与后片编织，左前片与右前片的针数各为26针，后片的长针针数为54针。先钩织右前片，从第2行起，左侧的衣领边减针，每行减2针，减3次，再每行减2针，减8行，第2行同时开始袖窿减针，每行减1针共减5针，最后余下6针。减针方法见花样E，用同样方法完成右侧身片。断线，隐藏线头。左前片的钩织方法与右前片相同，只是方向不同。

3. 钩织后片，从第2行起，两边同时减针钩织袖窿，减5针，然后不加减针钩长针行，钩成12行，然后中间留28针不编织，两边相反方向减针，每1行减1针，各减2针，最后肩部余下6针，断线，隐藏线头。完成上身片的编织。

4. 完成上身片的编织后沿下边反方向钩织1行长针，两侧衣领边处钩织2针短针系带，共钩13cm。然后断线，隐藏线头。钩织单元花花样G及草莓小装饰。

5. 前片与后片的两肩部对应缝合，胸前缝好小装饰花。

袖片制作说明

1. 钩针编织法，编织两片袖片。

2. 钩织袖片，起28针，编织2行，从第2行起，两侧同时袖山减针，每侧减8针，减至8行，完成一片袖片的钩织。编织方法见花样F。

3. 用同样的方法再编织另一袖片。

4. 将袖山对应前片与后片的袖窿线，用线缝合，再将两袖侧缝对应缝合。

花样E

花样F
(袖片图解)

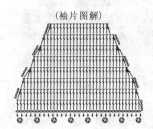

花样G
(胸前小花)

草莓图解

最后一圈短针收为1针

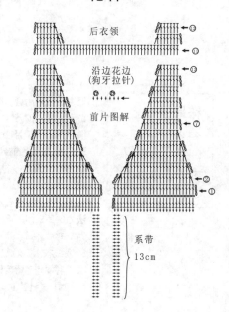

后衣领

沿边花边
(狗牙拉针)

前片图解

系带
13cm

175

红色卡通毛衣

【成品规格】衣长35cm，下摆宽32cm，
　　　　　　插肩连袖长38cm
【工　具】12号棒针
【编织密度】28针×34行=10cm²
【材　料】橘红色棉线共400g，扣子5枚

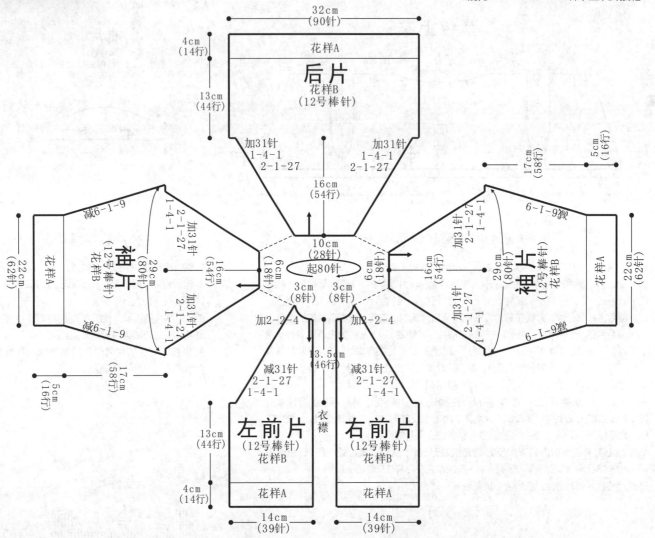

前片/后片/袖片制作说明

1. 棒针编织法，从上往下织，织至袖隆以下，分出两个衣袖，前后身片连起来编织完成。

2. 衣领起织，双罗纹针起针法，起80针，起织花样A，共织24行，与起针合并成双层衣领，继续编织衣身，衣身编织花样B，将织片分为左前片、左袖片、后片、右袖片、右前片五部分，针数分别为8+18+28+18+8针，五织片接缝

符号说明：
☐　　上针
☐=☐　下针
⊡　　镂空针
2-1-3　行-针-次

处为四条插肩缝，第1行起织左右袖片及后片的64针，一边挑织左右前片的针眼，挑加方法为2-2-4，织8行后，不加减针往下编织，起织同时一边一边在插肩缝两侧加针，详细方法见图解所示，加2-1-27，织至54行，织片变为296针，左右袖片各留起72针不织，将左前片、后片、右前片连起来编织衣身。

3. 分配前后片的针眼到棒针上，先织左前片35针，完成后加起8针，然后织后片82针，再加起8针，最后织右前片35针，往返编织，不加减针往下编织44行的高度，织片全部改织花样A，织14行后，收针断线。

4. 编织袖片，分配袖片的72针到棒针上，袖底挑起8针环织，织花样B，一边织一边袖底缝对称减针，方法为6-1-9，织58行后，织片余下62针，改织花样A，不加减针织16行，收针断线。用同样的方法编织另一袖片。

5. 编织衣襟，沿左右前片衣襟侧分别挑针起织，挑起88针编织花样A，织14行后，收针断线。注意右侧衣襟需要均匀留起5个扣眼，编织方法是，在一行加起1针，在第二行将这一针减针。

6. 钩织一条长约40cm的绳子，从双层衣领中间穿过，两端编织如图解C的两片叶子花。

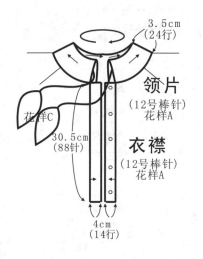

3.5cm
(24行)

领片
(12号棒针)
花样A

花样C

30.5cm
(88针)

衣襟
(12号棒针)
花样A

4cm
(14行)

插肩加针方法

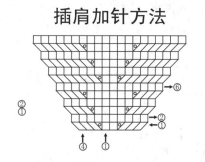

花样C

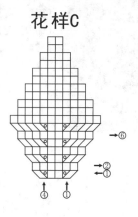

花样A

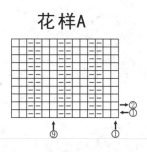

花样B

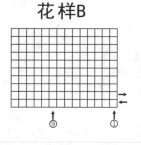

⊡浅紫色线
◆绿色线
▣浅蓝色线
●黄色线

●黄色线
□白色线

图案a

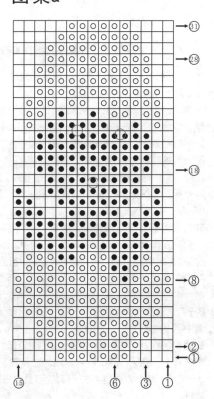

图案b

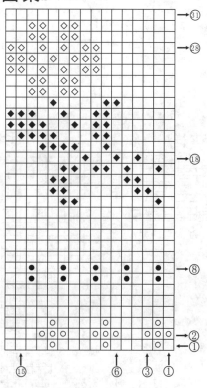

177

条纹配色对襟毛衣

【成品规格】衣长30cm，下摆宽26cm，插肩连袖长26cm

【工　　具】12号棒针

【编织密度】30针×37行＝10cm²

【材　　料】花棉线共400g，配色扣子3枚

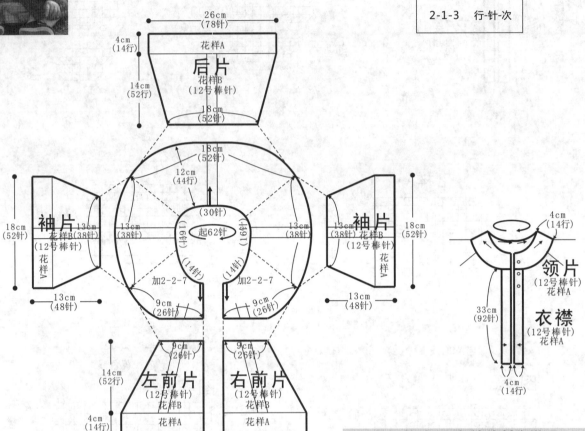

花样A

花样B

前片/后片/袖片制作说明

1. 棒针编织法，从上往下织，织至袖窿以下，分出两个衣袖，前后身片连起来编织完成。

2. 衣领起织，下针起针法，起62针，起织全下针，编织衣身，将织片分为左袖片、后片、右袖片三部分，针数分别为16+30+16针，在左右袖片及后片的中间分别编织1组花样B加针，每24行为一组花样，后片共4组花样，左右袖各3组花样，起织时两侧同时加针织成左右前片，方法为2-2-7，各加14针，织至24行，在左右前片的中间分别编织1组花样B，左右前片各编织3组花样B，织至44行，将左右袖片各38针留起不织，继续编织前后片。

3. 分配左前片26针、后片52针、右前片26针到棒针上，连起来编织，织至96行，改织花样A，织14行后，收针断线。

4. 编织袖片，分配袖片的38针到棒针上，环织，织全下针，袖片中间继续编织花样B，织28行后，改为全下针编织，织6行后，改织花样A，织14行后，收针断线。用同样的方法编织另一袖片。

5. 编织衣襟，沿左右前片衣襟侧分别挑针起织，挑起72针编织花样A，织14行后，收针断线。注意右侧衣襟需要留起2个扣眼，编织方法是，在一行加起1针，在第2行将这一针减针。

6. 编织衣领，沿领口及衣襟端挑针起织，挑起114针，编织花样A，织14行后，收针断线。

清纯可爱对襟毛衣

【成品规格】衣长42cm，袖长37cm，下摆宽33cm
【工　　具】10号棒针
【编织密度】29针×42.8行=10cm²
【材　　料】黄色腈纶线200g，红色、黑色、蓝色、粉色、紫色线各50g，扣子5枚

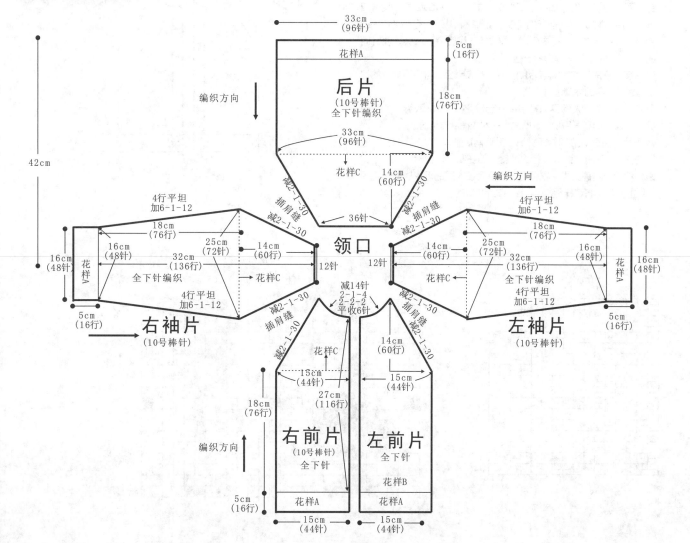

符号说明：

符号	说明
□	上针
□=□	下针
⊠	左并针
⊠	右并针
⊠	中上3针并1针
⊡	镂空针
2-1-3	行-针-次
⊠	2针交叉
↑	编织方向

前片/后片/袖片/领片制作说明

1. 棒针编织法，由前片2片、后片1片、袖片2片组成。从下往上织起。
2. 前片的编织。由右前片和左前片组成，以右前片为例。
① 起针，双罗纹起针法，起44针，编织花样A，不加减针，织16行的高度。
② 袖隆以下的编织。从第17行起，全下针，不加减针，织成76行的高度，至袖隆。此时衣身织成92行的高度。
③ 袖隆以上的编织。第93行时，依照花样C的减针方法进行减针，前5针是花样编织，减针的位置在第5并针处，左侧织至袖隆算起的40行时，左边进行衣领减针，先收6针，然后每织2行减2针，减2次，然后每织2行减1针，减4次，织片两边减针同时进行，织至最后余下1针，收针断线。

179

④ 用相同的方法，相反的方向去编织左前片。

3. 后片的编织。双罗纹起针法，起96针，编织花样A，不加减针，织16行的高度。然后从第17行起，全织下针，不加减针往上编织成76行的高度，至袖隆，然后从袖隆起减针，方法与前片相同。袖隆减针行织成60行时，余下36针，收针断线。

4. 袖片的编织。袖片从袖口起织，双罗纹起针法，起48针，分配成花样A，不加减针，往上织16行的高度，从第17行起，全织下针，两边袖侧缝进行加针，每织6行加1针，共加12次，织成72行，然后不加减针再织4行的高度，至袖隆。从下一行起进行袖山减针，减针方法参照花样C，织成60行，最后余下12针，收针断线。用相同的方法去编织另一袖片。

5. 拼接，将前片的侧缝与后片的侧缝对应缝合，再将两袖片的袖山边线与衣身的袖隆边对应缝合。

6. 衣襟的编织，沿着两衣襟边挑针起织花样A，挑92针，不加减针，织10行的高度后，收针断线，在左衣襟制作5个扣眼。

7. 领片的编织，用10号棒针织，沿着前后领边，挑出104针，起织花样A，不加减针织16行的高度，但在左领边位置编织一个扣眼，然后，收针断线。衣服完成。最后在衣服的近衣摆处，用平针绣的方法，将花样B图案绣上，在近袖口的位置，绣上花样D。

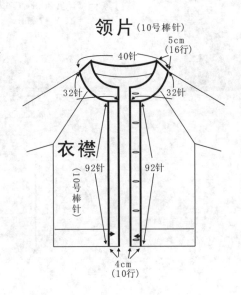

领片（10号棒针）

衣襟（10号棒针）

花样A

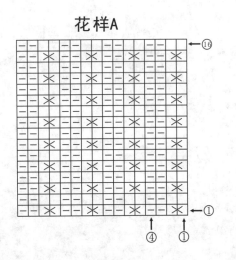

花样B

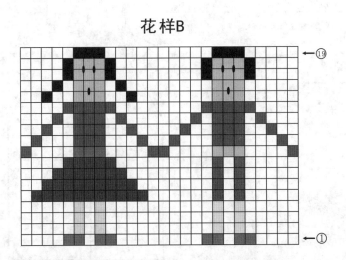

花样D

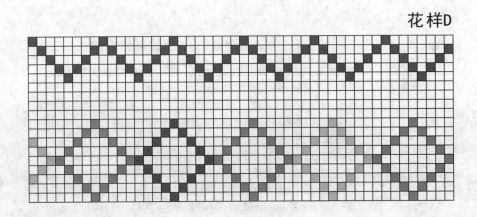

180

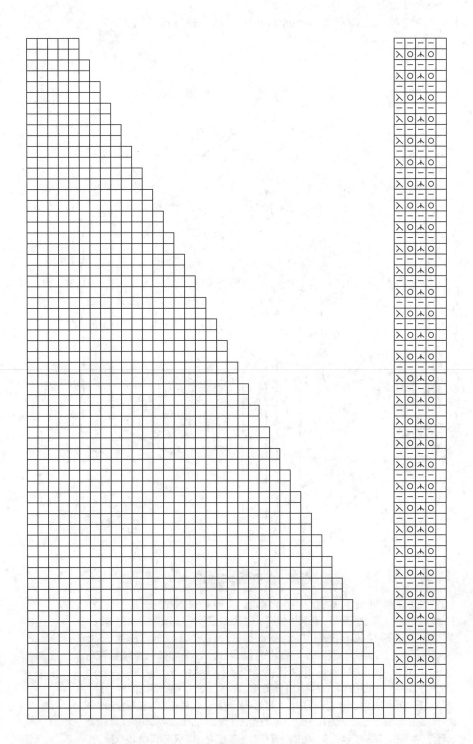

花样C

（袖窿减针图解）

可爱小猫套装

【成品规格】披肩长15cm，鞋子长12cm，帽高18cm，帽围38cm
【工　　具】10号棒针，1.75mm钩针
【编织密度】25针×30行=10cm²
【材　　料】黑色和紫色腈纶线各50g，粉色线300g，白色扣子3枚，钉扣2枚

符号说明：

符号	说明
⊟	上针
□=□	下针
2-1-3	行-针-次
╋	短针
┬	长针
∞	锁针
↑	编织方向

披肩

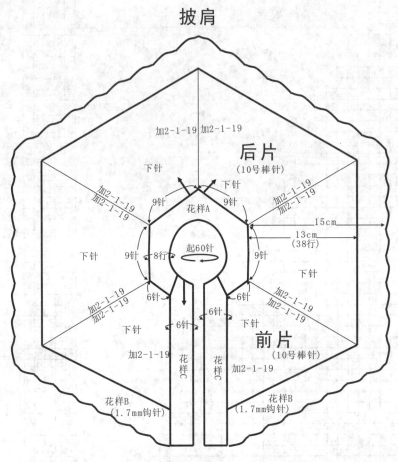

加2-1-19 加2-1-19

下针

后片
（10号棒针）

加2-1-19
加2-1-19

9针　9针

花样A

下针
9针 8针 起60针

下针

加2-1-19
加2-1-19

15cm

13cm
（38行）

下针

前片
（10号棒针）

6针　6针

6针　6针

加2-1-19
加2-1-19

加2-1-19

下针　下针

花样C　花样C

加2-1-19

花样B
（1.7mm钩针）

花样B
（1.7mm钩针）

披肩/帽子/鞋子制作说明

1. 棒针编织法与钩针编织法结合，制作1个披肩、1个帽子和2只鞋子。
2. 披肩的制作。从衣领起织，用棒针编织，单罗纹起针法，起60针，来回编织，两边的6针编织花样C单桂花针，中间全织单罗纹针，不加减针织8行的高度，开始分片加针编织，依照结构图所示，将各片的针数算出，除两边的6针继续编织花样C单桂花针外，中间全织下针，将余下的针数依次分成6针、9针4片，最后是6针1片进行编织。在每片的两边的2针进行加针，在这1针上，每织2行加1针，共加19次，将披肩织成六边形，织成38行。最后一行收针，但两边的单桂花针部分不收针，继续编织22行后，收针断线，最后用钩针在六条边上钩织花样B花边。
3. 帽子的编织。双罗纹起针法，用棒针起72针，不加减针编织花样D双罗纹针，织8行的高度后，全改织下针，不加减针织26行后，将72针分成6等份进行减针，每等份每织2行减1针，减至最后余下1针，将余下的6针收为1针，将尾线藏于帽内。用钩针钩织两只耳朵，图解见花样E，再用黑色线和紫色线分别勾勒出眼睛、嘴巴和胡须。
4. 鞋子的制作。用钩针依照花样F钩织鞋底，钩成4圈后，不再加针，沿边钩短针，形成鞋侧面，侧面钩成9行短针，无加减针，最后一圈用紫色线钩织，再接着用紫色线钩织鞋带。用相同的方法钩织另一只鞋子。钉上钉扣。最后用紫色线，钩织3个小熊的头像，分别缝于两只鞋子前面和披肩前片的左边。

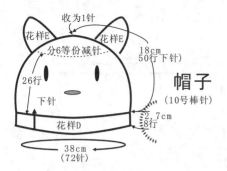

收为1针
花样E　　花样E
分6等份减针
18cm
（50行下针）

帽子
（10号棒针）

26行
下针
花样D

2.7行
8行

38cm
（72针）

鞋子
（1.75mm钩针）

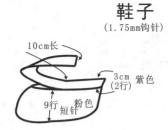

10cm长
3cm 紫色
（2行）
9行 短针 粉色

鞋底

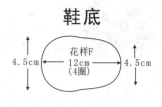

4.5cm
花样F
12cm
（4圈）
4.5cm

花样A（单罗纹）

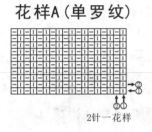

2针一花样

花样B

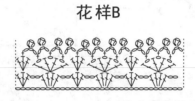

花样C

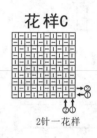

2针一花样

花样E

耳朵

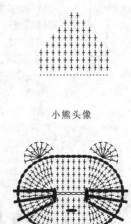

小熊头像

花样D（双罗纹）

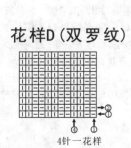

4针一花样

花样F

鞋底

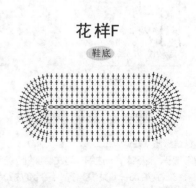

帅气横纹无袖装

【成品规格】衣长34cm，下摆宽30cm
【工　　具】14号棒针
【编织密度】48针×56行=10cm²
【材　　料】红色棉线250g，黑色棉线250g

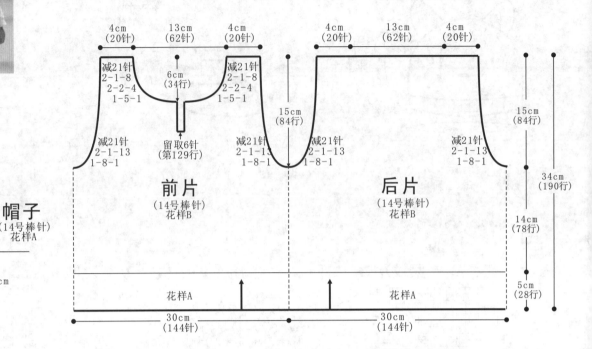

帽子
(14号棒针)
花样A

衣襟
(14号棒针)
花样B

前片
(14号棒针)
花样B

后片
(14号棒针)
花样B

4cm(20针)　13cm(62针)　4cm(20针)　4cm(20针)　13cm(62针)　4cm(20针)

减21针 2-1-8 2-2-4 1-5-1

6cm(34行)

15cm(84行)

减21针 2-1-13 1-8-1

留取6针(第129行)

花样A　花样A

30cm(144针)　30cm(144针)

34cm(190行)　15cm(84行)　14cm(78行)　5cm(28行)

5cm　1cm(8行)

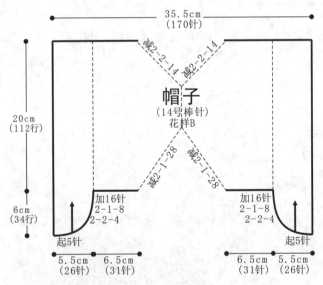

帽子
(14号棒针)
花样B

35.5cm(170针)

20cm(112行)　6cm(34行)

减2-2-14　减2-2-14
减2-1-28　减2-1-28

加16针 2-1-8 2-2-4

起5针

5.5cm(26针)　6.5cm(31针)　6.5cm(31针)　5.5cm(26针)

帽子/衣襟制作说明

1. 棒针编织法，往返编织。

2. 编织帽子。起5针，一边织一边左侧加针，方法为2-2-4、2-1-8，共加16针，共织34行，织片变成21针，用同样的方法相反方向编帽子的另一织片，完成后，将两片连起来编织，中间加起62针，织片共104针。将织片从中间分开成左右两片，中间对称加针，方法为2-1-28，织56行后，不加减针往上织28行，然后从织片中间减针，方法为2-2-14，织28行后，织片左右片各余下57针，收针断线。将帽顶缝合。

3. 挑织帽边，沿衣襟及帽子边沿用红色线挑针织双层边，挑起348针，织花样A，织8行后，收针断线。

前片/后片制作说明

1. 棒针编织法，袖隆以下一片编织完成，从袖隆起分为前片、后片来编织。织片较大，可采用环形针编织。

2. 起织，单罗纹针起针法，起288针起织，用红色线起织花样A，共织28行，从第28行起改织花样B，花样B为28行黑色线与28行红色线间隔编织，重复往上编织至106行，从第107行起将织片分片，分为前片和后片，各取144针。先编织后片，而前片的针眼用防解别扣住，暂时不织。

3. 分配后片的针数到棒针上，用14号棒针编织，起织时两侧需要同时减针织成袖隆，减针方法为1-8-1、2-1-13，两侧针数各减少21针，织至第190行时，织片余下102针，收针断线。

4. 前片的编织，起织时两侧需要同时减针织成袖隆，减针方法为1-8-1、2-1-13，两侧针数各减少21针，织至第129行，织片中间留取6针，分成左右两片分别编织，两者的编织方法相同，方向相反，以左前片为例，左前片的右侧为衣襟侧，不加减针往上织至157行，右侧减针织成前领，方法为1-5-1、2-2-4、2-1-8，减针后不加减针织至190行时，肩部余下20针，收针断线。用同样的方法相反方向编织右前片。

5. 前片与后片的两肩部对应缝合。

花样A

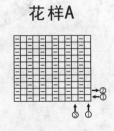

花样B

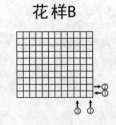

简约宝贝无袖开衫

【成品规格】衣长30cm，下摆宽28cm

【工　　具】13号棒针

【编织密度】34针×48行=10cm²

【材　　料】浅黄色宝宝绒线300g，红色宝宝绒线50g

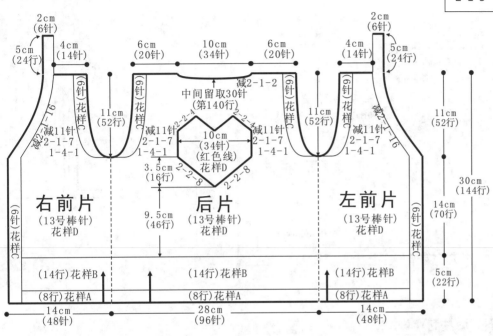

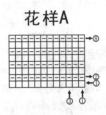

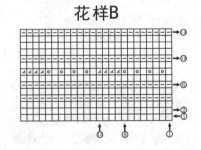

前片/后片制作说明

1. 棒针编织法，袖窿以下一片编织完成，从袖窿起分为左前片、右前片、后片来编织。织片较大，可采用环形针编织。

2. 起织，下针起针法，起192针起织花样A，两侧衣襟各织6针花样C，重复往上编织8行后，衣身改织花样B，织至22行，衣身改织花样D全下针，织至68行，织片中间开始编织红色心形图案，图案颜色搭配方法见结构图所示。织至92行，从第93行起将织片分片，分为左前片、右前片和后片，左右前片各取48针。后片取96针，先编织后片，而前片的针眼用防解别针扣住，暂时不织。

3. 分配后片的针数到棒针上，用13号棒针编织，起织时袖窿边沿编织6针花样C作为袖窿边，两侧需要同时减针织成袖窿，减针方法为1-4-1、2-1-7，两侧针数各减少11针，织至第140行时，织片中间留取30针，两侧减针织成后领，方法为2-1-2，各减2针，织至144行，两肩部各余下20针，收针断线。

4. 前片的编织，左右前片编织方法相同，方向相反，以右前片为例，右前片的右侧为袖窿侧，起织时两侧需要同时减针织成袖窿，减针方法为1-4-1、2-1-7，左侧衣襟侧同时减针，方法为2-1-16，减针后不加减针织至144行，肩部余下20针，将花样B的部分收针，衣襟花样C的6针继续编织24行，收针断线。用同样的方法相反方向编织左前片。

5. 左右前片与后片的两肩部对应缝合。两衣襟缝合合，再将衣襟与后领对应缝合。

花样B

花样A

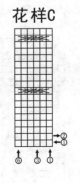

花样C

花样D

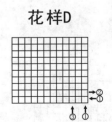

粉色缀花无袖开衫

【成品规格】衣长31cm，下摆宽31cm
【工　　具】13号棒针，1.25mm钩针
【编织密度】32针×38行＝10cm²
【材　　料】粉红色棉线300g

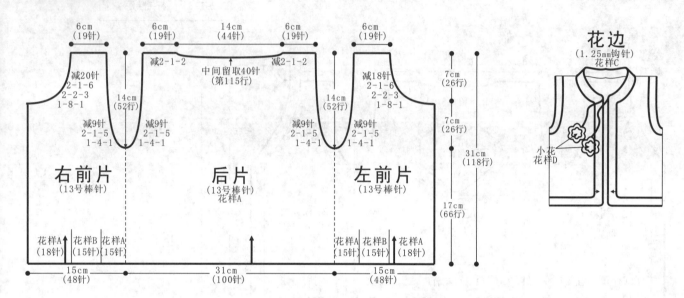

花边
（1.25mm钩针）
花样C

小花
花样D

6cm（19针）　6cm（19针）　14cm（44针）　6cm（19针）　6cm（19针）

减2-1-2　中间留取40针（第115行）　减2-1-2

减20针　2-1-6　2-2-3　1-8-1　　14cm（52行）　　减18针　2-1-6　2-2-3　1-8-1

7cm（26行）

减9针　2-1-5　1-4-1　　减9针　2-1-5　1-4-1　　14cm（52行）　　减9针　2-1-5　1-4-1　　减9针　2-1-5　1-4-1

7cm（26行）

31cm（118行）

右前片（13号棒针）　　**后片**（13号棒针）花样A　　**左前片**（13号棒针）

17cm（66行）

花样A（18针）　花样B（15针）　花样A（15针）　　花样A（15针）　花样B（15针）　花样A（18针）

15cm（48针）　　31cm（100针）　　15cm（48针）

前片/后片制作说明

1. 棒针编织法，袖窿以下一片编织完成，从袖窿起分为左前片、右前片、后片来编织。织片较大，可采用环形针编织。

2. 起织，单罗纹针起针法，起196针起织花样A与花样B组合编织，组合方法如结构图所示。重复往上编织至66行，从第67行起将织片分片，分为左前片、右前片和后片，左右前片各取48针。后片取100针，先编织后片，而前片的针眼用防解别针扣住，暂时不织。

3. 分配后片的针数到棒针上，用13号棒针编织，起织时两侧同时减针织成袖窿，减针方法为1-4-1、2-1-5，两侧针数各减少9针，织至第115行时，织片中间留取40针不织，两侧减针织成后领，方法为2-1-2，各减2针，织至118行，两肩部各余下19针，收针断线。

4. 前片的编织，左右前片编织方法相同，方向相反，以右前片为例，右前片的右侧为袖窿侧，起织时两侧需要同时减针织成袖窿，减针方法为1-4-1、2-1-5，织至92行，从第93行起，左侧减针织成前领，方法为1-8-1、2-2-3、2-1-6，共减20针，减针后不加减针织至118行，肩部余下19针，收针断线。用同样的方法相反方向编织左前片。

5. 左右前片与后片的两肩部对应缝合。

6. 沿衣领、衣襟、衣摆钩织3行花样C作为花边，沿两侧袖窿分别钩织3行花样C作为花边。领口钩织系带和小花，左右前片按图解方式钩织20朵小花，缝合。

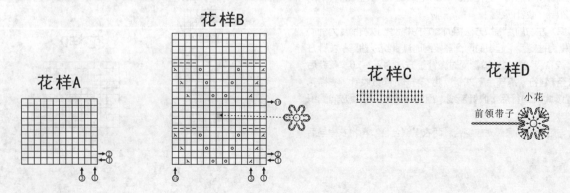

花样A

花样B

花样C

花样D

小花

前领带子

186

端庄无袖连衣裙

【成品规格】衣长52cm，下摆宽50cm

【工　　具】13号棒针，1.5mm钩针

【编织密度】30针×38行=10cm²

【材　　料】黑色棉线500g，灰色棉线50g，粉红色和绿色棉线少量

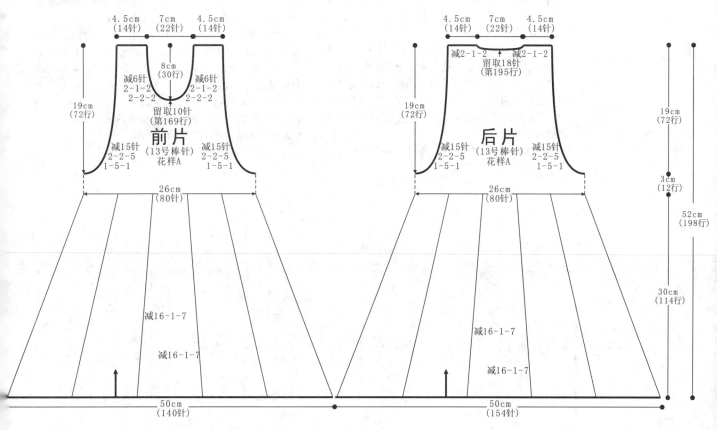

前片（13号棒针）花样A

4.5cm（14针）　7cm（22针）　4.5cm（14针）

8cm（30行）

减6针 2-1-2 2-2-2

留取10针（第169行）

减6针 2-1-2 2-2-2

19cm（72行）

减15针 2-2-5 1-5-1

减15针 2-2-5 1-5-1

26cm（80针）

减16-1-7

减16-1-7

50cm（140针）

后片（13号棒针）花样A

4.5cm（14针）　7cm（22针）　4.5cm（14针）

减2-1-2　减2-1-2

留取18针（第195行）

19cm（72行）

减15针 2-2-5 1-5-1

减15针 2-2-5 1-5-1

26cm（80针）

减16-1-7

减16-1-7

19cm（72行）

3cm（12行）

52cm（198行）

30cm（114行）

50cm（154针）

前片/后片制作说明

1. 棒针编织法，裙子分为裙身和裙摆两部分，裙摆由10片织片钩缝组合而成，袖身袖窿以下一片编织完成，从袖窿起分为前片、后片来编织。

2. 起织裙摆，下针起针法，起28针，织花样A，一边织一边两侧减针，方法为16-1-7，织至114行，织片余下14针，用同样的方法再编织9这样的织片，用鱼网针将10织片的侧缝连接起来，织成裙摆，接着编织裙身。

3. 编织裙身，沿裙摆上端继续编织花样A，在鱼网针接缝处加起2针，共80针环织，不加减织12行后，从第127行起将织片分片，分为前片和后片，各取40针。先编织后片，而前片的针眼用防解别针扣住，暂时不织。

4. 分配后片的针数到棒针上，用13号棒针编织，起织时两侧需要同时减针织成袖窿，减针方法为1-5-1、2-2-5，两侧针数各减少15针，织至第195行时，织片中间留取18针，两减减针织成后领，方法为2-1-2，各减2针，织至198行，两肩部各余下14针，收针断线。

5. 前片的编织，起织时两侧需要同时减针织成袖窿，减针方法为1-5-1、2-2-5，两侧针数各减少15针，织至第169行，织片中间留取10针，两侧减针织成前领，方法为2-2-2、2-1-2，各减6针，减针后不加减针织至198行，两肩部各余下14针，收针断线。

6. 前片与后片的两肩部对应缝合。

7. 沿领口、袖窿及裙摆用灰色线钩织一圈花样B作为花边。钩织如图所示的1朵小花和2片叶子，缝合于前胸处。

花样A

花样B（花边）

花样C（裙摆接缝鱼网针）

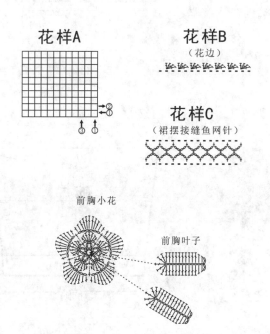

前胸小花

前胸叶子

卡通小老鼠对襟衫

【成品规格】衣长34cm，半胸围32cm，肩宽25cm，
　　　　　　袖长28cm
【工　　具】13号棒针
【编织密度】28针×42行＝10cm²
【材　　料】黄色棉线300g，咖啡色、粉红色、
　　　　　　灰色棉线各少量，扣子5枚

前片/后片制作说明

1. 棒针编织法，袖窿以下一片编织完成，从袖窿起分为左前片、右前片、后片来编织。织片较大，可采用环形针编织。

2. 起织，单罗纹针起针法，用黄色线起174针起织花样A，织14行后，改织花样B，每间隔32行织2行咖啡色线，不加减针往上至82行，从第83行起将织片分片，分为左前片、右前片和后片，左右前片各取42针。后片取90针，先编织后片，而前片的针眼用防解别针扣住，暂时不织。

3. 分配后片的针数到棒针上，用13号棒针编织，起织

时两侧需要同时减针织成袖窿，减针方法为1-4-1、2-1-6，两侧针数各减少10针，织至第143行时，织片中间留取38针不织，两侧减针织成后领，方法为2-1-2，各减2针，织至146行，两肩部各余下14针，收针断线。

4. 前片的编织，左右前片编织方法相同，方向相反，以右前片为例，右前片的右侧为袖窿侧，起织时两侧需要同时减针织成袖窿，减针方法为1-4-1、2-1-6，织至114行，从第115行起，左侧减针织成前领，方法为1-6-1、2-2-3、2-1-6，共减18针，减针后不加减针织至146行，肩部余下14针，收针断线。用同样的方法相反方向编织左前片。

5. 左右前片与后片的两肩部对应缝合。

6. 在左右前片绣出三只老鼠及云朵图案。

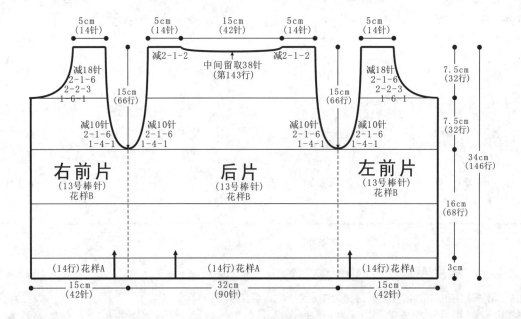

袖片制作说明

1. 棒针编织法，编织两只袖片。从袖口起织。

2. 用黄色线起60针，编织14行花样A，即单罗纹针，从第15行起改织花样B，每隔32行编织2行咖啡色，两侧一边织一边加针，方法为10-1-6，两侧的针数各增加6针，将织片成72针，织至82行。接着就编织袖山，袖山每2行黄色与2行咖啡色间隔编织，减针编织，两侧同时减针，方法为1-4-1、2-1-19，两侧各减少23针，最后织片余下26针，收针断线。

3. 用同样的方法再编织另一袖片。

4. 将袖山对应前片与后片的袖窿线，用线缝合，再将两袖侧缝对应缝合。

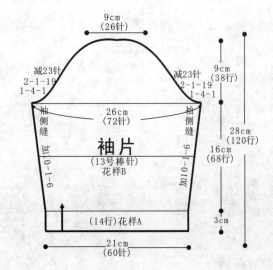

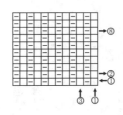

领片/衣襟制作说明

1. 棒针编织法，一片编织完成。

2. 先编织衣襟，沿左右前片衣襟侧分别挑针起织，挑起76针编织花样A，织8行后，收针断线。注意在左侧衣襟均匀制作5个扣眼，方法是在一行收起两针，在下一行重起这两针，形成一个眼。

3. 挑织衣领，衣领是在衣襟编织完成后挑针起织，挑起96针编织花样A，织8行后，收针断线。

花样A

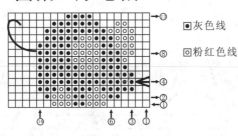

花样B

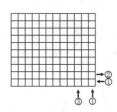

图案c（小老鼠）

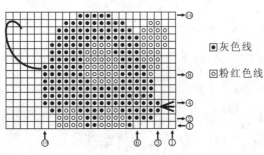

回灰色线

回粉红色线

图案f

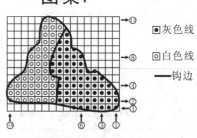

回灰色线

回白色线

—钩边

图案b（中老鼠）

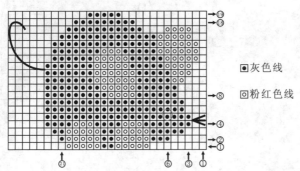

回灰色线

回粉红色线

图案e

回灰色线

回白色线

—钩边

图案a（大老鼠）

回灰色线

回粉红色线

图案d

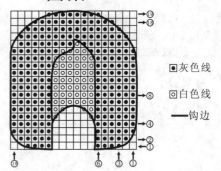

回灰色线

回白色线

—钩边

189

秀美围棋装

【成品规格】裙长35cm，下摆宽36cm
　　　　　　袖长7cm
【工　　具】13号棒针
【编织密度】花样A/B：30针×44行=10cm²
　　　　　　花样C/D：40针×44行=10cm²
【材　　料】红色棉线250g，白色棉线50g

前片/后片制作说明

1. 棒针编织法，裙身分为前片和后片分别编织而成。
2. 起织后片，下针起针法，起108针，起织花样A，织10行后，从第11行起改织花样B，一边织一边两侧减针，方法为16-1-4，织至76行，从第77行起改织花样C，不加减针织至90行，从第91行起改织花样D，不加减针织至104行，从第105行起左右两侧同时减针织成袖窿，方法为1-4-1、4-2-4，织至153行，织片中间留取44针不织，两侧减针织成后领，方法为2-1-2，织至156行，两肩部各余下14针，收针断线。
3. 起织前片，前片的编织方法与后片相同，织至90

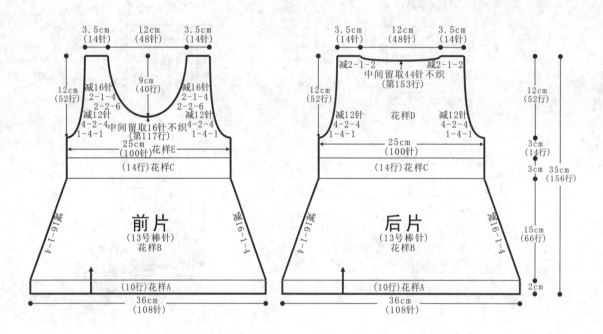

行，从第91行起改为花样E与花样D间隔编织，每6针花样D间隔13针花样E，共织4组花样E，重复往上织至117行，织片中间留取16针不织，两侧减针织成前领，方法为2-2-6、2-1-4，减针后不加减针织至156行，两肩部各余下14针，收针断线。
4. 前片与后片的两侧缝对应缝合，两肩部对应缝合。

符号说明：

□	上针
□=Ⅰ	下针
⊙	镂空针
⋀	中上3针并1针
⧅	右上3针与左下3针交叉
⧄	左上3针与右下3针交叉
ⓝ	下针的滑针
2-1-3	行-针-次

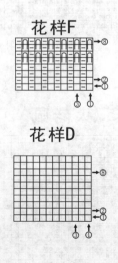

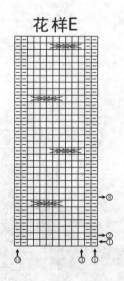

袖片制作说明

1. 棒针编织法，编织两片袖片。袖口起织。
2. 双罗纹针起针法，起76针，起织花样C，织8行后，改织花样D，一边织一边两侧减针，方法为1-4-1、4-2-5，织至30行，织片余下48针，收针断线。
3. 用同样的方法再编织另一袖片。
4. 将袖山对应前片与后片的袖窿线，用线缝合，注意袖顶制作褶皱，形成灯笼袖效果。

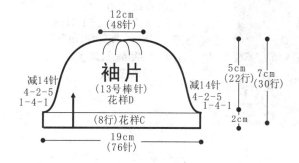

袖片
(13号棒针)
花样D
12cm
(48针)
减14针
4-2-5
1-4-1
减14针
4-2-5
1-4-1
5cm
(22行)
7cm
(30行)
2cm
(8行)花样C
19cm
(76针)

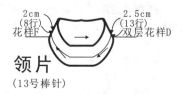

领片
(13号棒针)
2cm
(8行)
花样F
2.5cm
(13行)
双层花样D

领片制作说明

1. 棒针编织法，环形编织完成。
2. 挑织衣领，沿前后领口挑起120针，编织花样D，织6行后，第7行织上针，然后再织6行下针，向内与起针缝合成双层机织领，断线。
3. 沿双层领口边缘挑针起织，挑起120针织花样F，织8行后，滑针收针法，收针断线。

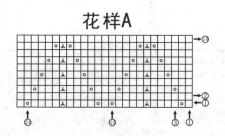

花样A

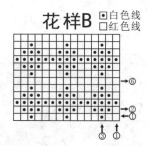

花样B
☑白色线
☐红色线

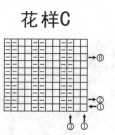

花样C

蓝色精灵装

【成品规格】 上衣长31cm，下摆宽30cm，
　　　　　　　袖长12cm

【工　　具】 11号环形针，11号棒针

【编织密度】 20针×40行=10cm²

【材　　料】 宝宝绒线共200g，
　　　　　　　白色扣子2枚

袖片制作说明

1. 棒针编织法，编织两片袖片。从袖口起织。

2. 单罗纹针起针法，起52针，编织8行花样A，即单罗纹针，然后从第9行起编织袖山，织花样B全下针，袖山减针编织，两侧同时减针，方法为1-3-1、2-2-4、4-1-9、2-2-3，两侧各减少22针，最后织片余下8针，收针断线。

3. 用同样的方法再编织另一袖片。

4. 将袖山对应前片与后片的袖窿线，用线缝合，再将两袖侧缝对应缝合。

前片/后片制作说明

1. 棒针编织法，袖窿以下一片编织完成，从袖窿起分为左前片、右前片、后片来编织。织片较大，可采用环形针编织。

2. 起织，单罗纹起针法，起198针起织，起织花样A单罗纹针，共织8行，从第9行起编织花样B全下针，共织16行，从第17行起，两侧开始前领减针，减针方法为2-1-48，织至60行，从第61行起，将织片分片，分为右前片、左前片和后片，右前片与左前片各取44针，后片取66针编织。先编织后片，而右前片与左前片的针眼用防解别针扣住，暂时不织。

3. 分配后片的针数到棒针上，用11号棒针编织，起织时两侧需要同时减针织成袖窿，减针方法为1-3-1、2-2-1、2-1-3，两侧针数各减少8针，余下50针继续编织，两侧不再加减针，织至第116行时，中间留取26针不织，用防解别针扣住，两端相反方向减针编织，各减少2针，方法为2-1-2，最后两肩部各余下10针，收针断线。

4. 左前片与右前片的编织，两者编织方法相同，但方向相反，以右前片为例，右前片的左侧为衣襟边，一边织一边减针，方法为2-1-48，右侧要减针织成袖窿，减针方法为1-3-1、2-2-1、2-1-3，针数减少8针，余下针数继续编织，共织52行，肩部余下10针，收针断线。左前片的编织顺序与减针法与右前片相同，但是方向不同。

5. 前片与后片的两肩部对应缝合。

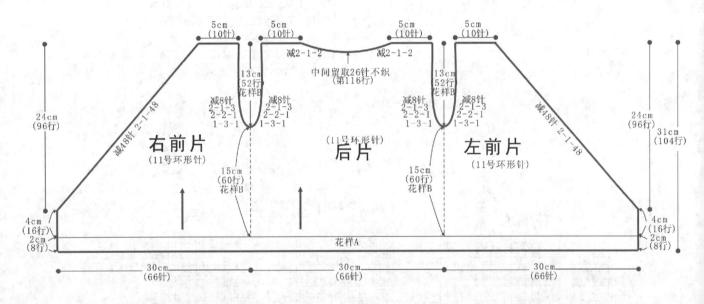

绑带制作说明

棒针编织两条长约20cm的织带，分别缝合于右前片内侧缝及左前片衣襟边缘处。

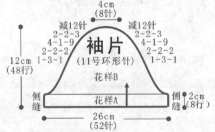

符号说明：

⊟　　上针

□=⊟　下针

2-1-3　行-针-次

花样A (单罗纹针)

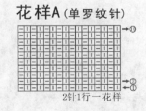

2针1行一花样

花样B

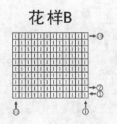

白色灵动套头衫

【成品规格】上衣长29cm，下摆宽24cm，
袖长39cm
【工　　具】12号棒针，1.25mm钩针
【编织密度】32针×38行=10cm²
【材　　料】白色宝宝腈纶丝光棉线350g

1. 棒针编织法，一片编织。
2. 前片的编织，单罗纹起针法，起77针起织，织单罗纹花样，图解见花样A，不加减针织16行，第17行时，要分散加针，每4针加1次针，一片共87针，将针数加成96针，用白色线编织第17行，然后返回织第18行后，第19行开始配色编织，从右至左，先织26针上针，再织6针花样B中的第27针至第32针的花样，然后再织12针上针，然后织8针花样，这8针为配色花样，用白色线与黑色线交替编织，花样图解见花样B中的第55针至62针的花样，然后织12针上针，再织花样B中的第73针至第78针的花样，最后余下的针

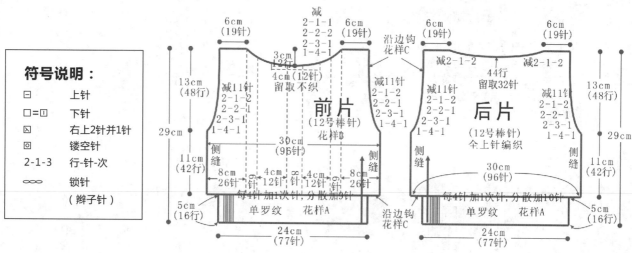

符号说明：

□	上针
□=□	下针
⊠	右上2针并1针
▣	镂空针
2-1-3	行-针-次
∞∞∞	锁针
	（辫子针）

数为26针，全织上针。这一行分配好针数及花样，以下就照这个变化来编织就行了，片织返回织时，编织与正面相反的花样，即正面是织上针的，反面就要织下针，返回织第2行后，第3行在中间的第55针至62针，黑线与白线的编织要交换位置，见花样B所示。
3. 分配好针数和花样后，往上编织，两侧缝不加减针，将前片织成42行，然后两侧同时减针织袖隆，减针方法为1-4-1、2-3-1、2-2-1、2-1-2，然后不加减针编织36行时，第37行的中间留取12针不织，用防解别针扣住，分别向两侧减针织，减针方法为1-4-1、2-3-1、2-2-2、2-1-1，减针织成前衣领边，最后余下的针数为19针，收针断线。
4. 后片的编织方法与前片相同，但衣身部分全部用白色线编织，全部改织上针，袖隆的减针方法与前片相同，后衣领是织至袖隆第44行时，中间留取32针不织，两侧减针，减2-1-2，最后两肩部的针数同样为19针。收针断线，将前片和后片的肩部和侧缝对应缝合。
5. 衣身与衣摆连接处，用钩针钩织3圈锁针辫子，用针穿过织片的方法钩织，3圈各用黑色线和白色线交叉编织，从下往上顺序为黑色、白色、黑色，图解见花样C。袖隆边也用同样的方法钩织辫子，配色也相同。

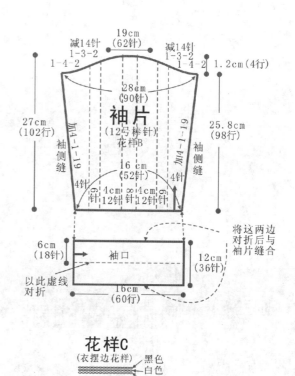

花样C
（衣摆边花样）　　　黑色
　　　　　　　　　　白色
　　　　　　　　　　黑色

193

花样B
（前片图解）

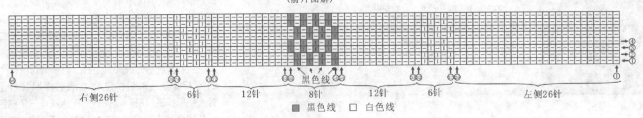

右侧26针　　6针　　12针　　8针　　12针　　6针　　左侧26针

黑色线

■ 黑色线　□ 白色线

领片制作说明

1. 棒针编织法，环织。用白色线编织。
2. 沿着前片后片缝合后形成的衣领边，挑针起织花样，花样为花样A单罗纹花样，挑100针编织，共织12行后，用单罗纹收针法收针，断线。

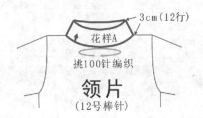

3cm（12行）

花样A

挑100针编织

领片
（12号棒针）

花样A（单罗纹）

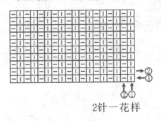

2针一花样

花样F
（鞋侧面配色图案）

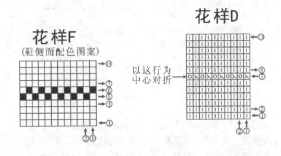

以这行为
中心对折

花样D

花样E（搓板针）

2行一花样

袖片制作说明

1. 棒针编织法，片织，共两袖片，每片分为两部分编织：袖口部分和袖身部分。
2. 先从袖口起织，袖口横向编织，织一长条后，对折缝合，起36针起织，花样图解见花样H，编织60行，然后对折缝合。
3. 沿着袖口缝合的边挑针起织挑52针，然后按照结构图中分配的针数编织，其中所示的6针和8针的部分，花样与前片的相同，图解见花样B。分配好花样后，往上编织，两侧缝要加针编织，加4-1-19，将袖片织成98行，共90针。
4. 袖山减针的幅度比较大，只有4行，两侧各减少14针，最后余下62针，收针断线。
5. 用同样的方法再编织另一袖片，缝合时，先将袖山与衣身的袖窿对应边缝合，再缝合两袖侧缝。

花样H

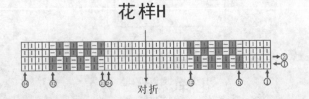

对折

纯色朴素对襟衫

【成品规格】衣长42cm，袖长37cm，
下摆宽33cm
【工　具】10号棒针
【编织密度】29针×42.8行=10cm²
【材　料】黄色腈纶线300g，扣子4枚

符号说明：

□	上针
□=□	下针
2-1-3	行-针-次
↑	编织方向

前片/后片/袖片/领片制作说明

1. 棒针编织法，由前片2片、后片1片、袖片2片组成。从下往上织起。

2. 前片的编织。由右前片和左前片组成，以右前片为例。

① 起针，下针起针法，起51针，编织花样A，不加减针，织32行的高度。

② 袖隆以下的编织。从第33行起，前7针编织花样B搓板针，余下的针数全织下针，不加减针，织成76行的高度，至袖隆。此时衣身织成108行的高度。

③ 袖隆以上的编织。第109行时，右前片的左侧第1针照织，在第2针的位置上进行减针，每织2行减1针，减30次，减针行织成60行，余下21针，收针断线。

④ 用相同的方法，相反的方向去编织左前片。但左前片在编织花样C的过程中，制作4个扣眼。

3. 后片的编织。下针起针法，起96针，编织花样A，不加减针，织32行的高度。然后从第33行起，全织下针，不加减针往上编织

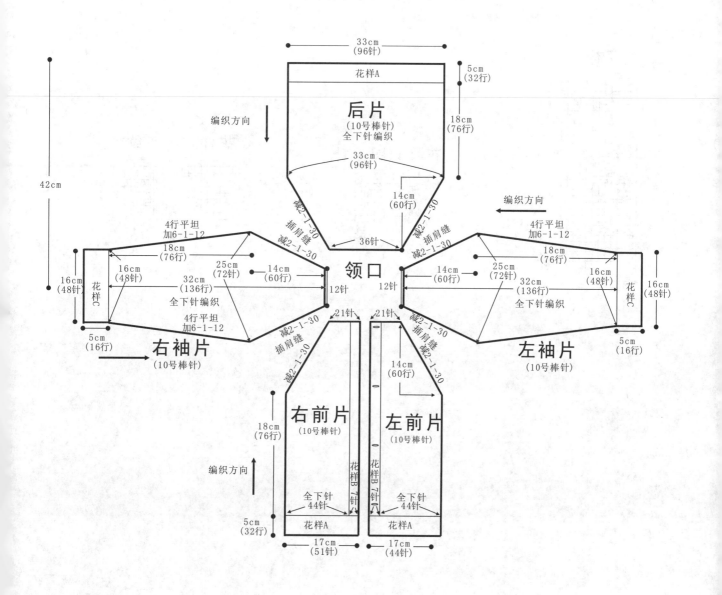

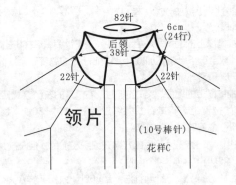

成76行的高度，至袖隆，然后从袖隆起减针，方法与前片相同。袖隆减针行织成60行时，余下36针，收针断线。

4. 袖片的编织。袖片从袖口起织，单罗纹起针法，起48针，编织花样C单罗纹针，不加减针，往上织16行的高度，从第17行起，全织下针，两边袖侧缝进行加针，每织6行加1针，共加12次，织成72行，然后不加减针再织4行的高度，至袖隆。从下一行起进行袖山减针，减针方法与前片相同，织成60行，最后余下12针，收针断线。用相同的方法去编织另一袖片。

5. 拼接，将前片的侧缝与后片的侧缝对应缝合，再将两袖片的袖山边线与衣身的袖隆边对应缝合。

6. 领片的编织，左前片与右前片的搓板针花样的上侧边缘不编织衣领，沿着余下的前后领边，挑出82针，起织花样C，来回编织，不加减针织24行的高度，收针断线。衣服完成。

花样A

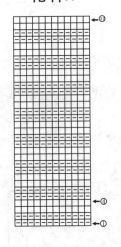

花样B（搓板针）

2针一花样

花样C（单罗纹）

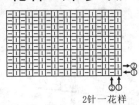

2针一花样

196

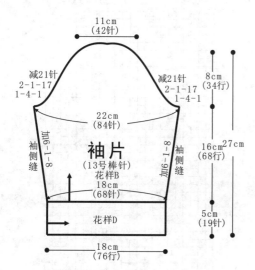

红色小太阳对襟衫

【成品规格】衣长31cm，下摆宽29cm，
　　　　　　袖长27cm
【工　　具】13号棒针
【编织密度】38针×42行=10cm²
【材　　料】红色棉线400g，黑色、灰色棉线
　　　　　　各少量，扣子1枚

前片/后片制作说明

1. 棒针编织法，衣身分为左前片、右前片、后片来编织。
2. 起织后片，下针起针法，起110针织花样A，织8行后，改织花样B全下针，织至58行，在织片中间编织一个心形花样，心形织上针，编织方法见花样图解，织至78行，两侧需要同时减针织成袖隆，减针方法为1-4-1、2-1-9，两侧针数各减少13针，织至第129行时，织片中间留取42针不织，两侧减针织成后领，方法为2-1-2，各减2针，织至132行，两肩部各余下19针，收针断线。
3. 前片的编织，左右前片编织方法相同，方向相反，以右前片为例，右前片的右侧为袖隆侧，下针起针法，起50针织花样A，织8行后，改织花样C与花样E组合编织，先织26针花样C，再织2针下针，再织22针花样E，重复往上编织至78行，右侧减针织成袖隆，减针方法为1-4-1、2-1-9，织至132行，肩部余下19针，收针断线。用同样的方法相反方向编织左前片。
4. 左右前片与后片的两侧缝对应缝合，两肩部对应缝合。

下摆各尺寸标注（衣身图）：
- 5cm（19针） 12cm（46针） 5cm（19针） 5cm（19针） 12cm（46针） 5cm（19针）
- 减18针 2-1-4 2-2-4 1-6-1
- 5cm（22行）
- 减2-1-2 中间留取42针（第129行）
- 减13针 2-1-9 1-4-1
- 13cm（54行）
- 8cm（34行）
- 10cm（38针）花样C
- 31cm（132行）
- 16.5cm（70行）
- 14cm（58行）
- 1.5cm

左前片（13号棒针）花样C（26针）花样E（22针） 13cm（50针）

右前片（13号棒针）花样E（22针）花样C（26针） 13cm（50针） （8行）花样A

后片（13号棒针）花样B 29cm（110针） （8行）花样A

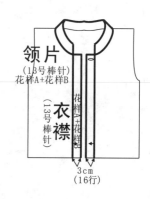

领片（13号棒针）花样A+花样B

衣襟（13号棒针）花样A+花样B

3cm（16行）

袖片制作说明

1. 棒针编织法，编织两片袖片，袖口横向编织，完成后在侧边挑针编织袖片。
2. 起织袖片，起19针，编织花样D，织76行后，收针断线。
3. 在袖边的左侧挑针起织袖片，挑起68针，织花样B，一边织一边两侧加针，方法为6-1-8，织至68行，织片加至84针，接着就编织袖山，袖山减针编织，两侧同时减针，方法为1-4-1、2-1-17，两侧各减少21针，最后织片余下42针，收针断线。
4. 用同样的方法再编织另一袖片。
5. 将袖山对应前片与后片的袖隆线，用线缝合，再将两袖侧缝对应缝合。

袖片尺寸标注：
- 11cm（42针）
- 减21针 2-1-17 1-4-1
- 22cm（84针）
- 8cm（34行）
- 加6-1-8 袖侧缝
- 加6-1-8 袖侧缝
- **袖片**（13号棒针）花样B 18cm（68针）
- 16cm（68行） 27cm
- 花样D
- 5cm（19针）
- 18cm（76行）

领片/衣襟制作说明

1. 棒针编织法，一片编织完成。
2. 先编织衣襟，沿左右前片衣襟侧分别挑针起织，挑起72针编织花样A，织12行后，改织花样B，织4行，收针断线。注意在左侧衣襟制作1个扣眼，方法是在一行收起2针，在下一行重起这2针，形成一个眼。
3. 挑织衣领，衣领是在衣襟编织完成后挑针起织，挑起96针编织花样A，织8行后，改织花样B，织4行后，收针断线。

符号说明：

符号	说明
□=□	上针
□	下针
	右上3针与左下3针交叉
	右上2针与左下1针交叉
	左上2针与右下1针交叉
2-1-3	行-针-次

197

后片心形花样编织图解

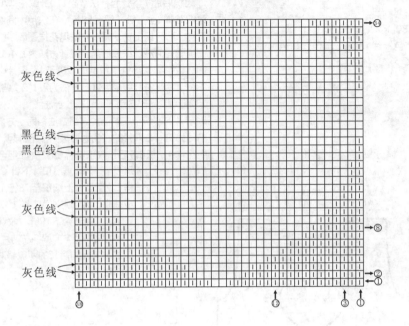

灰色线

黑色线
黑色线

灰色线

灰色线

花样A

花样B

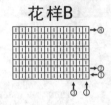

花样C

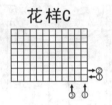

花样D

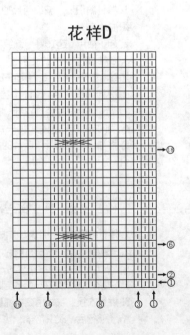

花样E

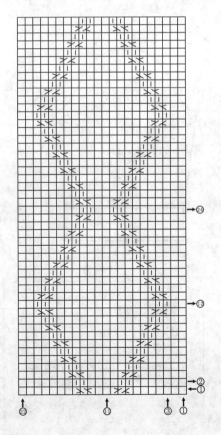

198

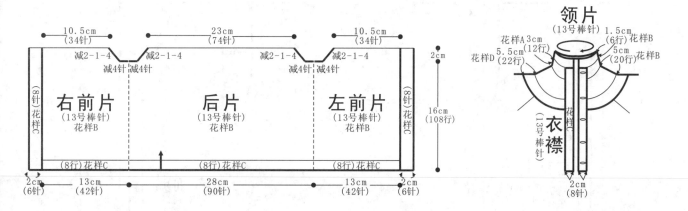

纯美宝贝装

【成品规格】衣长18cm，下摆宽28cm
肩连袖长33cm
【工　　具】13号棒针
【编织密度】32针×40行＝10cm²
【材　　料】黄色棉线250g，白色棉线100g，
扣子4枚

前片/后片制作说明

1. 棒针编织法，衣服分为领片和衣身片两部分，衣身片袖窿以下一片编织完成，袖窿以上分为左前片、右前片和后片三部分，与袖片合起来编织而成。

2. 用黄色线起织，下针起针法，起186针，起织花样C，共织8行，从第9行起，两侧衣襟继续编织6针花样C，衣身174针改织花样B全下针，不加减织至108行，从第109行起，将织片分成左前片、右前片和后片，左右前片各取48针，后片取90针，两侧缝处各收8针，余下针眼开始编织插肩袖窿。

3. 将织好的两袖片与前后片对应连接起来，编织花样B，方法为先织左衣襟6针，左前片38针，再织袖片62针，再织后片82针，再织袖片62针，最后织右前片38针，右衣襟6针，重复往上编织，4条插肩缝左右两侧同时一边织一边减针，方法为2-1-4，织至116行，开始编织衣领。

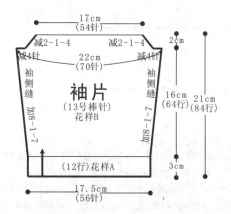

袖片制作说明

1. 棒针编织法，编织两片袖片。从袖口起织。

2. 用黄色线起56针，编织12行花样A，即单罗纹针，从第13行起改织花样B，两侧一边织一边加针，方法为8-1-7，两侧的针数各增加7针，将织片织成70针，织至76行，将袖片两侧各收4针，接着就编织插肩袖山。

3. 用同样的方法再编织另一袖片。

4. 将两袖侧缝对应缝合。

领片/衣襟片制作说明

1. 棒针编织法，往返编织。

2. 沿着前后衣领边及袖顶挑针编织，挑起262针，两侧衣襟继续编织6针花样C，中间250针编织花样D，不加减针织22行后，改织花样B全下针，将领片分成10等份，每份25针，在每份的第25针左右两侧一边织一边减针，每2行减18针，织20行，织片余下82针，改织花样A，不加减针织12行后，织片（包括两侧衣襟各6针）全部改织花样B，不加减针织6行后，收针断线。

花样D

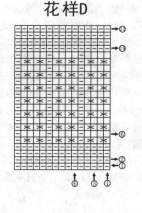

花样A

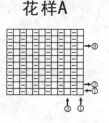

花样B

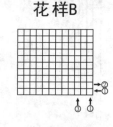

花样C

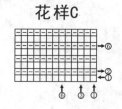

符号说明：

□　　上针
□＝□　下针
⊠　　右上1针与左下1针交叉
⊠　　左上1针与左下1针交叉
2-1-3　行-针-次

199

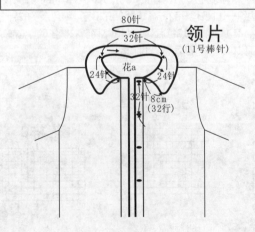

扭花纹对襟毛衣

【成品规格】衣长37.5cm，下摆宽40cm，
　　　　　　袖长25.5cm
【工　具】10号棒针，11号棒针，12号环形针
【编织密度】30针×37.8行＝10cm²
【材　料】黄色腈纶线500g，扣子5枚

1. 棒针编织法，袖窿以下一片编织而成，袖窿以上分成左前片、右前片、后片各自编织。
2. 袖窿以下的编织。一片编织而成。
① 衣摆的编织。起针，单罗纹起针法，起248针，左右两边各取8针编织搓板针，中间编织花样A单罗纹针，不加减针，织12行的高度。
② 衣身的编织。从第13行起，除两边的搓板针继续编织，将中间的针数分配花样，两侧从搓板针花样算起共64针，分配成花样B，中间的120针分配成花样C，依照图解，不加减针往上编织，织成78行，至袖窿，此时衣身织成90行的高度。

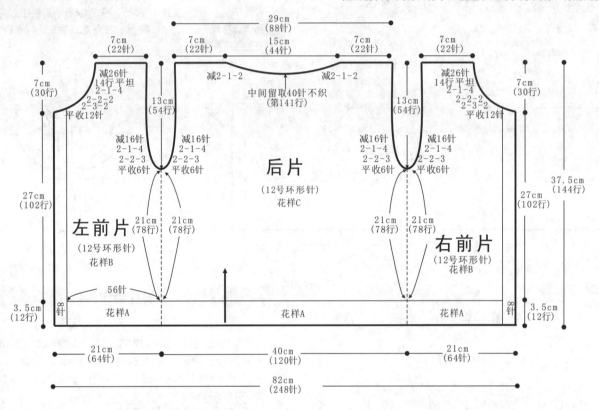

符号说明：

符号	说明	符号	说明
□	上针	交叉符号	左上2针与右下2针交叉
□＝①	下针	交叉符号	左上3针与右下3针交叉
2-1-3	行-针-次	交叉符号	右上2针与左下1针上针交叉
↑	编织方向		

领片
（11号棒针）

80针
32针
花a
24针
24针
32针 8cm（32行）

3. 袖窿以上的编织。第91行，将织片分片，分成左前片、右前片、后片各自编织。左前片和右前片各60针，后片120针，先编织后片。
① 后片的编织，将中间的120针挑选出来，单独编织，两边同时减针，一行内各减掉6针，然后两边每织2行减2针，共减3次，再每织2行减1针，减4次，然后不加减针照图往上编织，织至袖窿算起的50行时，在下一行中间将40针收掉，两边相同方向减针，每织2行减1针，共减2次，两边肩部余下22针，收针断线。
② 左前片和右前片的编织，以右前片的编织方法为例。将60针挑出编织，左侧进行袖窿减针，减针方法与后片相同，不再重复，右侧的搓板针花样照旧编织，不加减针，当搓板针花样织成24行的高度时，在下一行进行衣领减针，平收12针，而后每织2行减3针，减2次，然后每织2行减2针，减2次，最后每织2行减1针，减4次，不加减针再织14行后，至肩部，余下22针，收针断线。用相同的方法，减针方向相反，去编织左前片。
4. 拼接，将前片的侧缝与后片的侧缝对应缝合，将前后片的肩部对应缝合。
5. 领片的编织。沿着前后衣领边挑针(不含门襟的8针)，挑80针，编织花样B中的花a，不加减针织32行的高度，收针断线。
6. 袖片的编织，从肩部往下编织，起34针，花样图解见花样D。以棒绞花样为中心，两边添加花a，两边加针，每织2行加1针，共加15次，织成30行后，两边向外加针，各加6针，织片加成76针的宽度，继续编织，不加减针织6行的高度后，开始进行袖侧缝减针，每织6行减1针，减8次，织成54行的袖身高度，余下60针，而后改织花样A单罗纹针，不加减针织12行的高度后，收针断线。用相同的方法去编织另一袖片，完成后，将袖山线与衣身的袖窿线对应缝合，再将袖侧缝进行缝合。衣服完成。

花样B
（左前片花样排列图解）

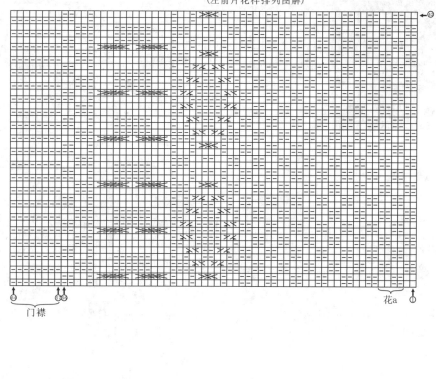

花a

门襟

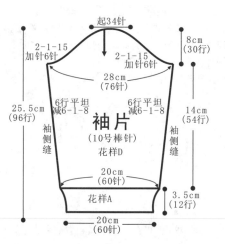

起34针

2-1-15
加针6针

2-1-15
加针6针

8cm
（30行）

28cm
（76针）

6行平坦
减6-1-8

6行平坦
减6-1-8

14cm
（54行）

25.5cm
（96行）

袖侧缝

袖侧缝

袖片
（10号棒针）
花样D

20cm
（60针）

花样A

3.5cm
（12行）

20cm
（60针）

花样D
（袖片花样分配图解）

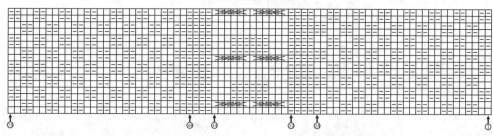

花样A（单罗纹）

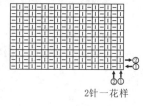

2针一花样

花样C
（后片花样分配图解）

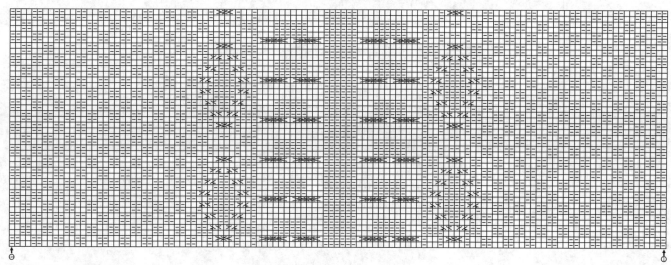

斑斓配色毛衣

【成品规格】衣长31cm，下摆宽45cm，
　　　　　　插肩连袖长11cm
【工　　具】12号棒针
【编织密度】26针×40行=10cm²
【材　　料】花棉线350g，扣子4枚

符号说明：

□	上针
□=□	下针
2-1-3	行-针-次

1. 棒针编织法，从下往上织，衣身分为左前片、右前片和后片分别编织，完成后缝合而成。

2. 起织后片，下针起针法起118针，织花样A，织12行后，改织花样B，将织片分成6部分，中间四部分各24针，两侧各11针，一边织一边在每部分接缝处减针，方法为4-1-5，织至32行，织片余下68针，改织花样C，织至40行，改织花样B，不加减针往上织至80行，两侧各收4针，然后减针织成插肩袖窿，减针方法为2-1-22，织至124行，织片余下16针，留待编织衣领。

3. 起织左前片，下针起针法起52针，织花样A，织12行后，改织花样B，将织片分成3部分，从衣襟往左分别为15针、24针、13针，一边织一边在每部分接缝处减针，方法为4-1-5，织至32行，织片余下32针，改织花样C，织至40行，改织花样B，不加减针往上织至80行，两侧各收4针，然后减针织成插肩袖窿，减针方法为2-1-22，织至84行，右侧减针织成前领，方法为6-1-5，织至124行，织片余下1针，留待编织衣领。

4. 用同样的方法相反方向编织右前片，完成后将左右前片侧缝对应后片缝合。

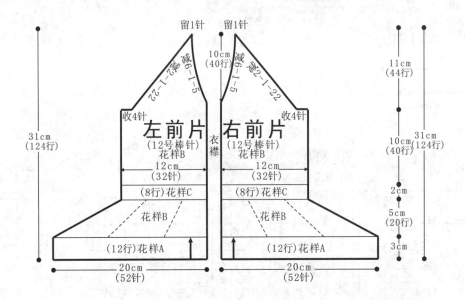

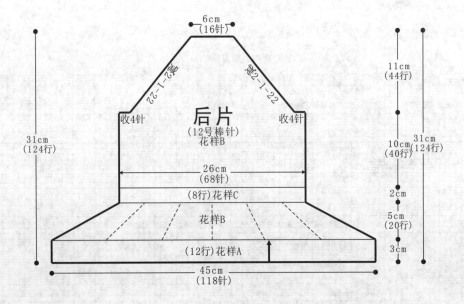

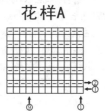

花样A

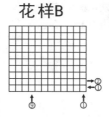

花样B

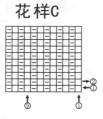

花样C

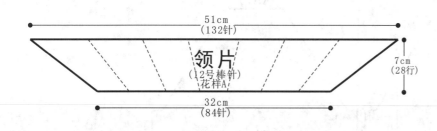

51cm
(132针)

领片
(12号棒针)
花样A

7cm
(28行)

32cm
(84针)

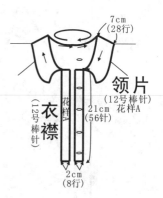

7cm
(28行)

领片
(12号棒针)
花样A

衣襟
(12号棒针)

花样

21cm
(56针)

2cm
(8行)

领片制作说明

1. 棒针编织法，沿领口挑针起织。

2. 挑起84针织花样A，将织片分成7部分，每部分12针，一边织一边在每部分接缝处减针，方法为6-1-4，织至28行，织片变成132针，收针断线。

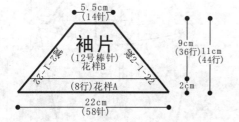

5.5cm
(14针)

袖片
(12号棒针)
花样B

减2-1-22

减2-1-22

(8行)花样A

9cm
(36行)

11cm
(44行)

2cm

22cm
(58针)

袖片制作说明

1. 棒针编织法，编织2片袖片，从下往上织，完成后与前后片缝合而成。

2. 起织，下针起针法起58针，织花样A，起织时两侧开始减针，方法为2-1-22，织8行后，改织花样B，织至44行，织片余下14针，留待编织衣领。

3. 用同样的方法编织另一袖片，完成后将袖片插肩缝对应左右前片及后片的插肩缝缝合。

配色条纹套头衫

【成品规格】衣长34cm，下摆宽31cm，
　　　　　　袖长36cm
【工　　具】13号棒针
【编织密度】29针×37.5行=10cm²
【材　　料】浅色棉线250g，深灰色棉线50g，
　　　　　　白色、红色、黑色、墨绿色、黄色
　　　　　　棉线少量，扣子1枚

1. 棒针编织法，从下往上织，衣身分为前片和后片分别编织，完成后缝合而成。
2. 起织后片，下针起针法用深灰色线起90针，织花样A，织16行后，与起针合并成双层衣摆，继续往上编织花样B，用黑色、红色、灰色线间隔编织，如图解所示，织至72行，两侧各收4针，然后减针织成插肩袖窿，减针方法为2-1-28，织至128行，织片余下26针，收针断线。
3. 起织前片，下针起针法用深灰色线起90针，织花样A，织16行后，与起针合并成双层衣摆，继续往上编织花样B与花样C组合，组合方法图如结构图所示，用黑色、红色、灰色线间隔编织，如图解所示，织至72行，两侧各收4针，然后减针织成插肩袖窿，减针方法为2-1-28，织至90行，第91行将织片中间留取8针，两侧减针织成前领，方法为4-1-8，各减8针，织至128行，织片两侧各余下1针，收针断线。
4. 将前片侧缝对应后片缝合。

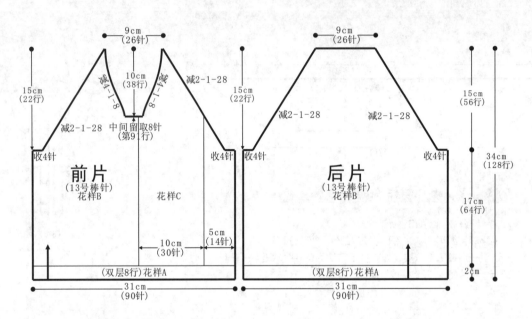

袖片制作说明

1. 棒针编织法，编织2片袖片，从下往上织，完成后与前后片缝合而成。
2. 起织，下针起针法起46针，颜色搭配与前片相同，织花样A，织16行后，与起针合并成双层袖边，改织花样B，两侧开始加针，方法为6-1-12，织至80行，两侧各收4针，然后减针织成插肩袖，减针方法为2-1-28，织至136行，织片余下6针，收针断线。
3. 用同样的方法编织另一袖片，完成后将袖片插肩缝对应左右前片及后片的插肩缝缝合。袖底缝合。
4. 编织右袖口袋。用浅灰色线起18针，编织花样A，织20行后，改织花样D，织6行，收针断线，将口袋片缝合于右袖图示位置。

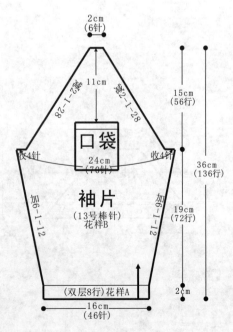

符号说明：

□ 上针
□=回 下针
右上2针与左下2针交叉
左上2针与右下2针交叉
右上2针与左下1针交叉
左上2针与右下1针交叉
2-1-3 行-针-次

领片

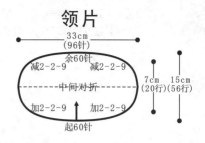

33cm
（96针）
余60针
减2-2-9　　减2-2-9
7cm　15cm
（20行）（56行）
中间对折
加2-2-9　　加2-2-9
起60针

领片制作说明

1. 棒针编织法，编织2片领片，中间对折后与衣领缝合。

2. 用浅灰色线起60针，织花样A，一边织一边两侧加针，方法为2-2-9，织至18行，不加减针往上编织，织至20行，第21行至24行织深灰色线，第25行至32行织浅灰色线，第33行至36行织深灰色线，第37行起全部改为浅灰色线编织，第39行起，两侧减针，方法为2-2-9，织至56行，织片余下60针，收针断线。

10cm
（38行）

领片
（13号棒针）
花样A

花样A

花样B

花样D

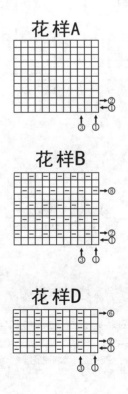

花样C

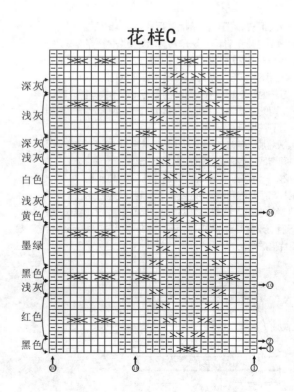

深灰
浅灰
深灰
浅灰
白色
浅灰
黄色
墨绿
黑色
浅灰
红色
黑色

红色精致短袖毛衣

【成品规格】裙长33cm，下摆宽30cm，
　　　　　　袖长7cm
【工　　具】10号棒针
【编织密度】17针×22行=10cm²
【材　　料】红色棉线300g，扣子1枚

袖片制作说明

1. 棒针编织法，编织两片袖片。袖口起织。
2. 下针起针法，起32针，起织花样A，织6行后，改织花样B，一边织一边两侧减针，方法为1-2-1、4-2-2，织至16行，织片余下20针，收针断线。
3. 用同样的方法再编织另一袖片。
4. 将袖山对应前片与后片的袖窿线，用线缝合，注意袖顶制作褶皱，形成灯笼袖效果。

符号说明：

⊟	上针
□=⊡	下针
2-1-3	行-针-次

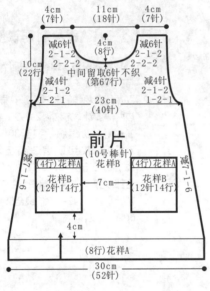

前片
(10号棒针)
花样B

4cm(7针)　11cm(18针)　4cm(7针)
4cm(8行)
减6针 2-1-2 2-2-2
中间留取6针不织(第67行)
10cm(22行)
减4针 2-1-2 1-2-1
23cm(40针)
减7-1-6
(4行)花样A
花样B(12针14行)　7cm　花样B(12针14行)
(4行)花样A
4cm
(8行)花样A
30cm(52针)

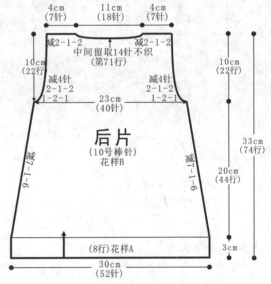

后片
(10号棒针)
花样B

4cm(7针)　11cm(18针)　4cm(7针)
减2-1-2
中间留取14针不织(第71行)
10cm(22行)
减4针 2-1-2 1-2-1
23cm(40针)
减7-1-6
(8行)花样A
30cm(52针)

33cm(74行)
10cm(22行)
20cm(44行)
3cm

前片/后片制作说明

1. 棒针编织法，裙身分为前片和后片分别编织而成。
2. 起织后片，下针起针法，起52针，起织花样A，织8行后，从第9行起改织花样B，一边织一边两侧减针，方法为7-1-6，织至52行，从第53行起左右两侧同时减针织成袖窿，方法为1-2-1、2-1-2，织至71行，织片中间留取14针不织，两侧减针织成后领，方法为2-1-2，织至74行，两肩部各余下7针，收针断线。
3. 起织前片，前片的编织方法与后片相同，织至67行，织片中间留取6针不织，两侧减针织成前领，方法为2-2-2、2-1-2，织至74行，两肩部各余下7针，收针断线。
4. 前片与后片的两侧缝对应缝合，两肩部对应缝合。
5. 口袋的编织。编织2片口袋片，起12针，织花样B，织14行后，改织4行花样A，收针，完成后按结构图所示缝合于前片裙摆处。

花样A　　花样B

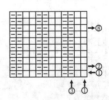　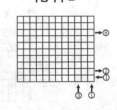

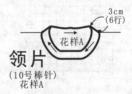

领片
(10号棒针)
花样A

3cm(6行)
花样A

领片制作说明

1. 棒针编织法，一片环形编织完成。
2. 挑织衣领，沿前后领口挑起40针，织花样A，织6行后，收针断线。

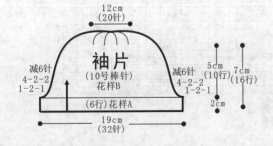

12cm(20针)

袖片
(10号棒针)
花样B

减6针 4-2-2 1-2-1
减6针 4-2-2 1-2-1
5cm(10行)　7cm(16行)
2cm
(6行)花样A
19cm(32针)

206

红色低领对襟毛衣

【成品规格】衣长29.2cm，袖长36cm，
　　　　　　下摆宽34cm
【工　　具】9号棒针，1.50mm钩针
【编织密度】16.5针×30.8行＝10cm²
【材　　料】粉红色腈纶线350g，
　　　　　　白色扣子2枚

前片/后片/衣摆/袖片制作说明

1. 棒针编织法，分成左前片、右前片、后片、两个袖片进行编织。
2. 前片的编织，分成左前片和右前片，以右前片为例。
① 起针，单罗纹针起针法，起38针，编织花样A单罗纹针，不加减针织4行，从第5行起分配花样，前10针仍然编织花样A单罗纹针，从第11针起，依照花样B进行分配花样，左侧缝进行减针，每织10针减1针，共减2次，减针后，不加减再织12行，至袖隆以下完成。
② 袖隆以上的编织。袖隆进行减针，右侧门襟不减针。袖隆的减针方法是，每织4行减1针，共减11次，织成44行，然后每织2行减1针，共减5次，但在门襟织成78行时，要进行前衣领边的减针，第79行先平收15针，然后每织2行减1针，共减4次，最后右前肩领边只剩下1针。

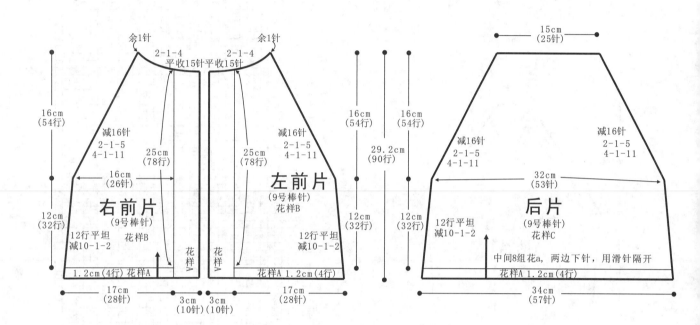

③ 用相同的方法，相反的方向去编织左前片。
3. 后片的编织。
① 起针，单罗纹起针法，起57针，编织花样A单罗纹针，不加减针织4行。
② 袖隆以下的编织。从第5行起，分配花样，编织花样C，第1至4针织下针，第5针织滑针，第6针起织5针下针，然后依照花a一组组地分配下去，最后余下的4针，全织下针。分配花样后，两侧缝减针编织，每织10行减1针，共减2次，然后无加减针织12行的高度，至袖隆以下编织完成。
③ 袖隆以上的编织，两袖隆的减针与前片相同，每边减16针，最后领边余下25针，收针断线。
4. 袖片的编织。起针，下针起针法，起49针，将针数分配成花a，无加减针织40行的高度后，两侧缝进行加针，每织10行加1次，共加2针，将针数加成53针，织成60行，从第61起进行袖山减针，两边的减针方法与前后片的袖隆减针相同，织成54行，至肩领边余下21针。收针断线。
5. 拼接，将前后片的侧缝对应缝合，将袖片的侧缝缝合，再将之与衣身的袖隆缝合。
6. 领片的编织。沿着领边挑出84针，编织花样A单罗纹针，共织8行后收针断线。前片的凸球，是用钩针钩一个5针蜜枣针，然后将两边留出来的长线缝在衣服上。

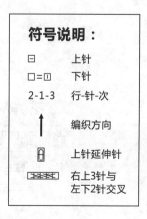

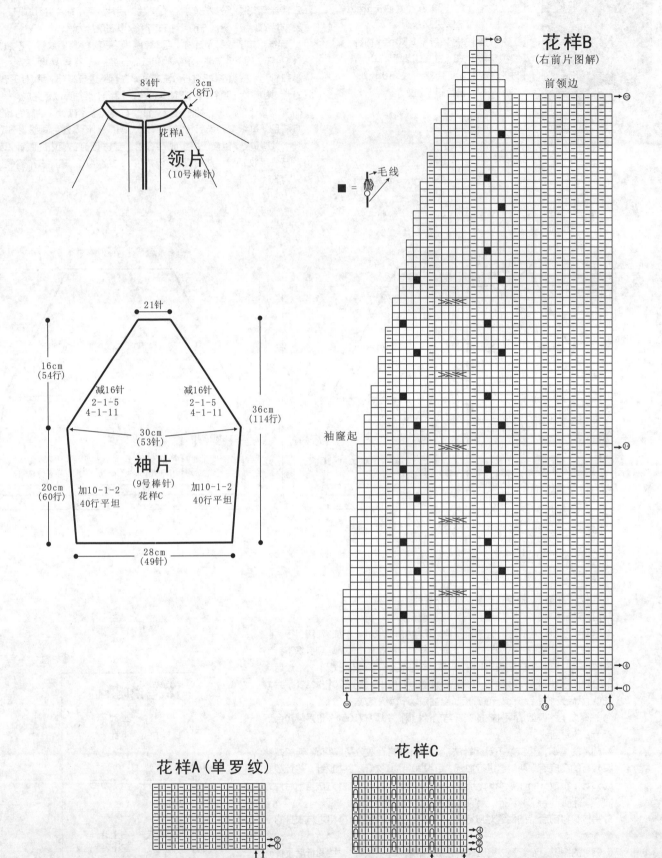

花样B
（右前片图解）

前领边

■ = 毛线

袖窿起

花样A（单罗纹）

2针一花样

花样C

1组花a

领片
（10号棒针）

84针
3cm
（8行）
花样A

袖片
（9号棒针）
花样C

21针

16cm
（54行）

减16针
2-1-5
4-1-11

减16针
2-1-5
4-1-11

30cm
（53针）

36cm
（114行）

20cm
（60行）

加10-1-2
40行平坦

加10-1-2
40行平坦

28cm
（49针）